猪生产技术

主　编　冷长友（重庆市荣昌区职业教育中心）

　　　　袁丽花（重庆市荣昌区职业教育中心）

副主编　程　涵（重庆市荣昌区职业教育中心）

　　　　程依林（重庆市荣昌区职业教育中心）

参　编　陈　帅（重庆友邻康生物科技有限责任公司）

　　　　游敬林（重庆傲农生物科技有限公司）

　　　　杨溢欢（重庆市荣昌区职业教育中心）

主　审　曹礼静（重庆市荣昌区职业教育中心）

重庆大学出版社

内容提要

本书采用项目式、任务化驱动模式，针对规模猪场繁殖生产的过程和工作内容，将现代养猪的知识体系和技能体系转化为绪论和7个项目、22个任务。每个项目包括项目导入、项目内容（即多个任务）、项目小结、项目测试，每个任务包含任务描述、任务目标、任务准备、任务实施、任务评价、任务反思等板块。

本书在内容上重视生物安全体系建设，突出新技术、新设备的应用，提倡科学、健康养殖新理念，重点和难点部分都有相应的图片、表格，增强了可读性，有助于学生理解和操作。同时，本书还在项目导入部分融入了思政元素，以培养学生安全、规范、环保的职业意识和健康养猪的理念，不怕臭、不怕苦、爱岗敬业的职业精神，爱护动物、保护动物的职业素养，"知农—学农—爱农—强农—兴农"的家国情怀和使命担当。

本书可作为职业院校畜禽生产技术等养殖类专业的教材，也可作为农村实用技术培训的教材和猪生产从业人员的自学用书。

图书在版编目（CIP）数据

猪生产技术 / 冷长友，袁丽花主编. — 重庆：重庆大学出版社，2024.11. — ISBN 978-7-5689-4667-4

Ⅰ. S828

中国国家版本馆CIP数据核字第20249QZ641号

猪生产技术
ZHU SHENGCHAN JISHU

主　编　冷长友　袁丽花
副主编　程　涵　程依林
策划编辑：袁文华

责任编辑：张红梅　　版式设计：袁文华
责任校对：谢　芳　　责任印制：赵　晟

*

重庆大学出版社出版发行
出版人：陈晓阳
社址：重庆市沙坪坝区大学城西路21号
邮编：401331
电话：（023）88617190　88617185（中小学）
传真：（023）88617186　88617166
网址：http://www.cqup.com.cn
邮箱：fxk@cqup.com.cn（营销中心）
全国新华书店经销
重庆正光印务股份有限公司印刷

*

开本：787mm×1092mm　1/16　印张：14　字数：325千
2024年11月第1版　2024年11月第1次印刷
ISBN 978-7-5689-4667-4　定价：58.00元

本书如有印刷、装订等质量问题，本社负责调换
版权所有，请勿擅自翻印和用本书
制作各类出版物及配套用书，违者必究

前言

随着现代养猪业的快速发展和生物安全管理的需要，养猪生产的工作重心和技术手段有了很大的变化，新观念、新设备、新工艺、新技术、新方法层出不穷。本书编写团队在对猪生产行业企业进行调研后，以教育部颁布的《中等职业学校专业教学标准》为依据，以培养面向生产、建设、服务和管理第一线的高素质技术技能人才为目标编写了本书。全书以项目式、任务化的形式组织内容，项目的编排以猪生产过程为主线，确保教材内容符合当前的实际生产情况。

本书作为畜禽生产技术专业学生学习的专业方向课程教材，对学生掌握猪生产技术起着引领性的作用。市面上的大部分教材要么理论性太强，学习起来让人感觉枯燥；要么内容松散，不成体系；要么内容与企业的工作岗位联系不紧密，选用的案例不够真实。本书以猪生产流程为线索、以真实的工作任务为学习内容，避免了以上几个问题。通过本书的学习，学习者能了解猪文化、分析生猪养殖行业概况、筹划猪场建设、选择并合理利用猪种；能运用饲养管理知识管理各类猪舍的猪群、执行猪场生物安全制度；能指导现代化猪场生产，提升严谨细致、规范操作、爱岗敬业的职业素养，引导学生建立专业认同感与自豪感。

本书针对规模猪场繁殖生产的过程和工作内容，将现代养猪的知识体系和技能体系转化为 7 个项目、22 个任务，每个项目包括项目导入、项目内容（即多个任务）、项目小结、项目测试，每个任务包含任务描述、任务目标、任务准备、任务实施、任务评价、任务反思等板块。

本书具有以下特点：

1. 编写模式新颖

本书采用项目式、任务化的编写体例，在项目中设置了项目导入，任务中设置了任务描述、任务目标、任务准备、任务实施、任务评价、任务反思等，所有的内容都围绕任务展开，理论知识在完成任务的过程中通过体验、实践操作得以实作化。

2. 内容与工作任务紧密结合

本书依托猪场真实生产环境，以养猪场（厂）工作的流程为线索，从我国规模猪场分阶段饲养的生产实际出发设计教学项目，根据猪场不同岗位的工作过程设计各工作任务，让学生明确自己的学习目标和需要具备的职业素养，从而更有目的地进行学习。

3. 重视健康养殖理念和新技术应用

本书重视生物安全体系建设，突出新技术、新设备的应用和健康养殖理念，进一步缩短了课堂学习与生产实际的距离，职业教育特色明显。

4. 可读性强

本书重难点部分都有相应的图片、表格，增强了可读性，有助于学生理解和操作。

5. 体现"三教改革"的要求

本书的内容设置和猪场的工作岗位、工作内容紧密结合，书中真实的工作任务有助于学生做好自己的职业生涯规划，让他们今后能更快地走上工作岗位。同时，本书还在项目导入部分融入思政元素，培养学生安全、规范、环保的职业意识和健康养猪的理念，不怕臭、不怕苦的职业精神，爱护动物、保护动物的职业素养，"知农—学农—爱农—强农—兴农"的家国情怀和使命担当。

6. 编写团队有企业专家加入

本书引入企业专家，指导编写，审核内容，使其更符合行业企业标准，让学生学完便能独立进行猪生产操作。

7. 有丰富的配套教学资源

本书有配套的教案、PPT 课件，以及成体系建设的微课等教学资源，便于学习和借鉴。

本书各项目下的栏目构成及功能如下：

【项目导入】本项目创设的所有任务的整体情境和思政要求。

【任务描述】本任务的具体描述。

【任务目标】本任务的知识目标、技能目标。

【任务准备】完成任务所需的知识储备。

【任务实施】完成任务的方法与步骤。

【任务评价】评价任务的完成情况。

【任务反思】反思任务中所学知识和技能。

【项目小结】总结项目的全过程。

【项目测试】采用习题的方式，在课后进行拓展训练，检测学习效果。

本书编写分工：绪论、项目一、项目五、项目七由冷长友、程依林编写，项目二、项目六由程涵、杨溢欢编写，项目三、项目四由袁丽花编写。全书由冷长友和袁丽花统稿，由名师曹礼静审稿并定稿。

由于编者水平有限，且涉及的内容变化发展较快，本书肯定会有缺漏和不足之处，热切期望得到读者的批评指正。

编　者

2024 年 7 月

目录

MULU

绪 论

我国有 6 000 年之久的养猪历史，猪肉是我国人民的主要肉食之一。自 20 世纪 80 年代以来，我国养猪业取得了迅猛发展，猪的年存栏数和年出栏头数以及年产肉量基本呈逐年增长趋势，多年来生猪出栏量保持在 6 亿头以上，猪肉产量保持在 5 000 万 t 以上，我国是名副其实的生猪生产与猪肉消费大国，但疫病、药物残留、环境污染等因素制约着我国养猪业的持续健康发展。随着文化、经济的不断发展和人们生活水平的不断提高，中国养猪业逐步向着集约化、专业化和工厂化的现代养猪生产体系发展。

一、我国养猪业的发展特点

1. 种猪繁育体系初步建成，良种猪覆盖率显著提高

目前，全世界范围内有超过 400 个猪种，我国《国家畜禽遗传资源品种名录（2021年版）》收录地方品种 83 个，培育品种 25 个，引入品种 6 个，培育配套系 14 个，引入配套系 2 个。其中，培育品种主要有新淮猪、鲁莱黑猪、上海白猪、北京黑猪、伊犁白猪、滇陆猪等；培育配套系主要有光明猪配套系、渝荣 I 号猪配套系、深农猪配套系、冀合白猪配套系等；引入品种主要有大白猪、长白猪、杜洛克猪、汉普夏猪、皮特兰猪、巴克夏猪；引入配套系有斯格猪配套系、皮埃西猪配套系。这些猪是优良基因的结合体，更是生产优质猪肉的极佳原始素材。

为了整合和提高种猪资源的开发利用，我国已逐步建立良种繁育体系。经过几十年的努力，我国已初步形成了以国家育种中心、原种猪场、品种改良站（人工授精站）、国家测定中心为框架的种猪繁育体系，并且还在不断地完善布局、扩大规模、加强猪种性能测定，加快育种步伐，不断扩大良种覆盖率。

2. 生猪产业化经营快速发展，组织化程度不断提高

规模化生产的发展、养猪生产区域化的形成，促进了养猪龙头企业的发展，并促进了其与具有一定实力的肉类加工企业、饲料加工企业、动物保健品企业、专业合作中介组织等的联合发展，组成养猪生产基地、专业户和市场之间的桥梁和纽带，出现产、供、销一条龙的成熟产业化模式，如"公司＋基地＋农户"模式、"公司＋农户"模式、"公司＋园区带农户"模式等。

3. 猪肉市场向安全化、多样化、特色化方向发展

随着生活水平的提高，人们不仅要求吃瘦肉（脂肪适度），还要求吃无农药、无抗生素、无激素、无重金属残留的放心肉、安全肉。

目前，肉脂兼用型和瘦肉型猪种在不断增加，脂肪型猪种逐渐退出市场。市场上提供的瘦肉型猪、多元杂交猪的猪肉具有色红、肉嫩、肌纤维细、油脂少、保水力好、瘦肉率适中等特点，在我国猪肉消费市场上占有很大的比例，含有我国地方猪血统的优质猪肉更受人们青睐，中式肉制品（烧烤、腌肉、酱肉）消费量逐年上升。所以，猪肉市场已经向优质和多元化的方向转变，这也是我国养猪生产水平高的表现。

4. 饲料工业日益发达

为适应和促进集约化养猪生产的发展，我国一直在研制开发符合猪生长发育所需要的营养标准和全价配合饲料，并从原料的选择、加工配合、营养的需求、饲料的运输等

各方面入手，来提高饲料的营养水平和转化效率。

5.应用高效饲养管理新技术

种猪的繁育体系、猪的杂交优势、猪的人工授精、肥猪的全进全出饲养、仔猪的早期隔离断乳和猪的饲养管理自动化等新技术迅速推广运用，并产生了巨大的经济效益。

6.猪肉加工体系形成，加工能力与水平不断提高

我国是世界猪肉生产和消费大国，猪肉消费量占世界猪肉消费量的一半。生猪屠宰行业作为连接生猪养殖和肉类制品消费的桥梁，对肉品质量安全的保障起着至关重要的作用。近年来，中国生猪屠宰量呈现出上升趋势。定点屠宰生猪数量从2016年的2.09亿头增长至2024年的2.85亿头，行业规模持续扩大。在技术进步和产业升级的推动下，生猪屠宰行业正逐步实现集约化、规模化、自动化、智能化、环保化和信息化。先进的屠宰设备、智能化的管理系统以及可追溯的供应链体系正在逐步普及应用，提高了屠宰效率和产品质量。

据报道，2023年中国猪肉加工市场容量为6 533.76亿元人民币。中国猪肉加工按种类来看，可细分为固化、干、新鲜加工、生发酵、生蒸、预煮及其他。猪肉加工应用领域主要有培根、火腿、猪排、香肠及其他等。各肉类加工企业通过了GMP、HACCP等质量认证体系，逐步建立了食品安全保障体系。

7.智慧化养猪兴起

自2018年以来，养猪专业人员开始不断探索保障猪场生物安全的方法，强化猪场信息技术集成应用，养猪越来越智慧化。一些规模化养猪企业，把物联网技术、自动控制技术（各种传感器技术、信息化环境监测技术、养殖环境控制技术、RFID无线电子标签标识技术、局域网无线通信技术等）引入生猪养殖中，集成对生猪个体识别、环境信息智能感知、数据采集与转换、数据有线或无线传输、数据的智能分析与处理等功能，通过构建智能环控、精准饲喂、精准计量、洗消监管、远程卖猪五大系统，形成了"智慧养猪"的强大生态系统，实现了精确饲养、效益饲养、猪舍环境监控管理的自动化和智能化。真正把由人管猪，变为由"数据"管猪，全面提升了养猪企业的效率和生产力，让养猪变得"更智慧、更简单"。

二、我国养猪业存在的问题

1.疫病复杂，难以防控

原来已有的疾病出现变异或更具隐蔽性；随着种猪的引进带来一些"洋病"，疫病形式更加错综复杂；混合感染，代谢病，新的遗传病，非典型、亚临床病症增多；传染病的危害越来越大，无科学、系统、严密规范的防疫体系，使猪场（群）间感染（传染）的概率增大，环境控制越来越无力。近年来，国内外疫病频发，非洲猪瘟和一些传统的猪疾病（猪瘟、蓝耳病等），严重阻碍了我国养猪业的正常发展，影响着养殖户的经济收入，威胁着人们的饮食安全。

2.食品安全问题不断

我国养猪产业中的食品安全问题不断，比如养殖环境受重金属污染、滥用饲料添加

剂、抗生素残留、激素残留等。猪肉的安全问题不仅影响了人们的日常消费，而且给养殖户造成了经济损失，甚至还会使整个养猪业陷入低迷的状态。

3. 环境污染严重

养猪业引发的环境问题越来越突出，部分猪场存在粪便和污水不经过处理（或处理不完全）就排放的情况，大量的病菌和氮、磷等元素污染了水源和土壤，间接破坏了植被。同时，养猪产生的臭气也严重影响了周围的空气质量。

4. 科技人才较缺乏

受多种因素影响，养猪企业的人才引进和管理问题非常突出。目前能够接受一线养猪工作的以中老年人居多，但他们普遍学历不高，接受新知识、新技能的能力相对较弱，采取生猪养殖规范管理较困难。又因养猪场封闭式管理的特殊性，相关专业的大、中专毕业生能安心在猪场工作的相对也少，员工流失率高成了养猪企业面临的共性问题。专业养猪技术人员的断层使先进的科技不能被推广，严重影响了养猪业的健康发展。

📝 知识拓展

中国猪文化

猪在生肖属相中排名第十二，又名亥猪，是中国古代农耕文化的一个典型符号。在古代，猪代表着"诚实质朴、富贵吉祥、吉星高照"。猪浑身是宝，除了是人类的美食，还与祭祀密切相关，是财富的象征。今天我们就走进猪的世界，了解猪文化。

"名猪盛会"雕塑图

"科学养猪"雕塑图

猪是最早的家养动物之一，距今已经有6 000多年的饲养历史。猪，又名豕，豕是文字"家"的下半部分。古代生产力低下，多在屋子里养猪，豢养猪者表示家境殷实，有肉可食，于是房子里有猪就成了"家"。这说明，中国古人认为"有猪才算有家产"，猪便成了财富的象征。甲骨文中的"敢"字，表示徒手捉猪之意，因此是否能徒手捉猪又是衡量人是否勇敢的标尺。

荣昌猪历经四百余年的选育和传承，成为永不褪色的荣昌文化象征。"中国荣昌猪年猪节"作为唯一一个以猪为主题的节会，被收录进《中国节气大全》，与中国徐霞客国际旅游节、中国·张北坝上草原文化旅游节等国内著名的节会齐名。中国畜牧科技城——重庆市荣昌区还建成了猪文化广场、猪文化长廊、猪文化公园等公共休闲场所。

猪场建设

【项目导入】

猪场建设是一个猪场运行的基础。规模化养猪场的恰当选址、科学规划、合理布局，直接关系到猪场的生产效益及卫生防疫，是养殖的根基。一个好的养猪场应充分利用当地的自然地理、农业生产和加工、物流、市场等资源优势，重视耕地的保护，节约用地；重视周围环境对猪场的影响，同时更要重视猪场可能带来的对周围环境的污染，用环境保护理念、生态循环理念建设猪场，逐步形成节约土地资源和保护生态环境的产业结构模式及产业增长方式。猪场建设时，企业应根据自身资金实力、技术管理人员素质、市场需求规划猪场，确定猪场建设规模，建设规模可由小到大，分期发展，但设施设备必须配套，才有利于标准化生产。总之，规模养猪场的选址、规划、布局、设施设备的选择是猪场建设的核心内容，是实现规范养殖管理，保护养殖环境，促进经济效益、环境效益、社会效益协调发展的基础。

本项目将完成6个学习任务，即猪场选址；猪场规划和猪舍布局；猪场建筑；猪场设备；养猪生产工艺流程；猪场环境控制。

| 任务一　猪场选址 |

任务描述

　　分小组对附近的猪场地址进行调查，并做好调查记录，撰写猪场选址调查报告；小组汇报调查结果，讨论并归纳猪场选址应该从哪些方面入手，明确科学合理的猪场选址原则，以便日后的实际生产管理。

任务目标

　　知识目标：

　　1. 能说出猪场选址的用地、地势、面积和生态要求；

　　2. 能说出猪场水源、电力、通信、交通和卫生防疫要求。

　　技能目标：

　　1. 会正确选择猪场场址；

　　2. 会正确计算猪场用地面积；

　　3. 会正确设计猪场水源、电力等需求。

※ 任务准备

　　养猪场场址选择，与猪群的健康状况、生产性能以及生产效率等有着密切的关系。因此，场址选择应根据猪场的性质、规模和任务，对供选场地的地形地势，水文地质，气候，饲料与能源供应，交通运输，产品销售，与周围工厂、居民点及其他畜牧场的距离，当地农业生产，猪场粪尿污水处理和防疫灭病等自然条件和社会条件进行全面调查，综合分析后再作决定。

一、用地、地势、面积和生态要求

猪场选址

图 1-1　猪场地势地形

　　猪场用地既要符合土地利用发展规划和村镇建设发展规划，又要满足建设工程需要的水文条件和工程地质条件，节约用地，不占或少占耕地，在丘陵、山地建场时应尽量选择阳坡，坡度不超过 20°，以利于施工及后期的生产管理和运输。

　　猪场地势应较高，向阳背风，干燥平坦，利于通风、防疫及排污（图 1-1）。

　　猪场生产区面积一般可按繁殖母猪 45 ~ 50 m²/ 头（核心繁殖场 30 m²/ 头，待售种猪保育生长培育场 10 m²/ 头，商品猪保育及生长培育场 10 m²/ 头，应急场 10 m²/ 头）考虑，并应为猪场未来发展留有充足的土地面积。猪场生活区、行政管理区、隔离区另行考虑，一般可按生产区面积的1% ~ 10%考虑，一个年出栏1万头肥猪的大型商品猪场，占地面积以30 000 m² 为宜。

猪场的生态要求就是在政府规划的畜禽养殖区布局猪场，忌在畜禽限养区、禁养区选址建场。必须考虑猪场经处理后排出的粪污能否被周围土地所消纳，即要求按土地消纳粪污能力选址，处理后的粪污用于灌溉蔬菜、水果、花卉等农作物及林木，变废为宝，实现生态循环。

二、水源、电力、电信及交通要求

猪场水源应水量充足，水质良好，便于取用和进行卫生防护，并易于净化和消毒。地下水或自来水资源充足，能充分满足猪场需水用量，同时要远离人饮用水源，避免污染人饮用水源；水质经检测达到《无公害食品 畜禽饮用水水质》（NY 5027—2008）标准。猪只每天需水量见表1-1。

表1-1　猪只每天需水量

类别	需水量 / [L · (头 · 天)⁻¹]	
	总需要量	饮用量
种公猪	40	10
空怀及妊娠母猪	40	12
带仔母猪	75	20
断奶仔猪	5	2
育成猪	15	6
育肥猪	25	6

供电稳定，电话、网络等通信畅通（图1-2）。机械化猪场有成套的机电设备，包括供水、保温、通风、饲料加工、饲料输送、清洁、消毒、冲洗等设备，用电量较大，加上生活用电，一个万头猪场装机容量（除饲料加工外）一般可达70 ~ 100 kW。当电网供电不能稳定供给时，猪场应自备小型发电机组，以应对临时停电。

图1-2　集约化猪场电力、电信、交通

场址交通便利，但应与交通主干道保持1 500 m以上距离；与一般公路、居民区保持1 000 m以上距离。

三、卫生防疫要求

猪场应远离居民区、兽医机构、屠宰场、公路、铁路干线（1 000 m以上），并根据当地常年主导风向，将猪场建于居民点的下风向和地势较低处。与其他牧场应保持足够距离，与一般牧场的距离应不少于150 m，与大型牧场的距离应不少于1 000 m。另外猪场会产生大量的粪便及污水，如果能把养猪与养鱼、种蔬菜及水果或其他农作物结合起来，综合利用，则可变废为宝，保持生态平衡，保护环境。若猪场周围能隔离出更多树林防护带则更有利于防疫。

※任务实施

制订猪场选址方案

1.目标

调查附近猪场选址，根据猪场选址要求，制订猪场选址方案，正确地选择猪场场址。

2.材料

测量皮尺、笔、纸。现代化猪场。

3.场地

现代化猪场。

4.操作步骤

（1）分组分工：6人／组；

（2）调查猪场用地、地势、面积；

（3）调查水质参数、水量；

（4）调查电力情况；

（5）调查交通情况；

（6）调查卫生防疫情况；

（7）完成猪场选址方案的制订。

※任务评价

"制订猪场选址方案"考核评价表

考核内容	考核要点	得分	备注
调查用地、地势、面积（30分）	1.用地符合要求（10分） 2.地势符合要求（10分） 3.面积大小合适（10分）		
调查水质参数、水量（20分）	1.水质参数齐全（10分） 2.水量充足（10分）		
调查电力情况（10分）	1.电力充足（5分） 2.自备发电机组（5分）		

考核内容	考核要点	得分	备注
调查交通情况（20分）	1. 与交通主干道的距离符合要求（10分） 2. 与一般公路、居民区的距离符合要求（10分）		
调查卫生防疫情况（20分）	1. 与居民区、兽医机构、屠宰场、公路、铁路干线距离符合要求（10分） 2. 常年主风向合适（5分） 3. 与其他牧场的距离合适（5分）		
总分			
评定等级	□优秀（90～100分）；□良好（80～89分）；□一般（60～79分）		

任务反思

1. 猪舍用地有哪些要求？
2. 猪场的卫生防疫应有怎样的要求？

任务二 猪场规划和猪舍布局

任务描述

小组调查现代化养猪场规划与猪舍布局，查阅资料，绘制猪场规划与猪舍布局图。

任务目标

知识目标：

1. 能说出猪场规划与猪舍布局的基本原则；

2. 能说出猪场场地规划与布局要求。

技能目标：

1. 会合理规划猪场的不同功能区，会绘制猪场规划图；

2. 会合理布局不同猪舍，会绘制猪舍布局图。

※ 任务准备

一、猪场规划和猪舍布局的基本原则

（1）场内总体布局应体现建场方针、任务，在满足生产要求的前提下，布局紧凑，节约用地。

（2）大型猪场应根据生产要求，合理安排功能分区。

（3）按全年主导风向由上到下的顺序依次排列种公猪舍、空怀母猪舍、妊娠母猪舍、分娩哺乳舍、断奶仔猪舍、保育猪舍、育肥猪舍等。

（4）场内净道和污道必须严格分开，不得交叉。

（5）猪舍朝向和间距必须满足日照、通风、防火、防疫和排污的要求，猪舍长轴朝向以南向或南向偏东 30° 以内为宜；相邻两猪舍纵墙间距以 7 ~ 12 m 为宜，相邻两猪舍端墙间距以不小于 15 m 为宜。

（6）建筑布局要紧凑，在满足当前生产的同时，适当考虑将来的技术提高和改造、扩建的可能性。

二、猪场规划和猪舍布局

（一）猪场规划

猪场规划要考虑的因素较多，主要原则是有利于防疫卫生和饲养管理。猪场场地主要包括生活区、生产管理区、生产区、隔离区、粪污处理区、绿化区、场区道路等。各区应在满足生产要求的前提下，做到节约用地。为便于防疫和安全生产，应根据当地全年主导风向，按地势由高到低，依次设置生活区、生产管理区、生产区、隔离区及粪污处理区（图 1-3）。

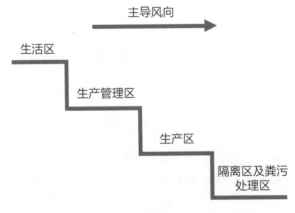

图 1-3　猪场场区规划

1.生活区

生活区包括文化娱乐室、职工宿舍、食堂等。此区应设在猪场大门外面、上风向或偏风向、地势较高，同时便于与外界联系的地方。

猪场规划

2. 生产管理区

生产管理区也称生产辅助区，包括接待室、饲料加工调配车间、饲料储存库、水电供应设施房、设备维修间、车库、杂品库、消毒池、更衣清毒和洗澡间等。该区与日常饲养工作关系密切，距生产区距离不宜太远。

3. 生产区

生产区包括各类猪舍和生产设施房（隔离舍、消毒室、兽医室、药房、值班室、饲料间）（图1-4），也是猪场最主要的区域，严禁外来车辆进入，也禁止生产区车辆外出。根据主导方向和地势高低，生产区应依次布局种猪舍、产房、保育舍、育肥舍。

生产区应独立、封闭和隔离，与生活区和生产管理区应保持一定距离（最好超过100 m），并用围墙或铁丝网封闭起来。围墙外最好用鱼塘、水沟或果林绿化带等隔离。为了严禁来往人员、车辆、物料等未经消毒、净化进入生产区，应注意以下三点。

（1）生产区最好只设一个大门，并设车辆消毒室、人员清洗消毒室和值班室等。

（2）装猪台和集粪池应设在围墙边，以便外来运猪、运粪车不必进入生产区即可进行操作。

（3）若饲料厂不在生产区，可在生产区围墙边设饲料间，外来饲料车在生产区外即将饲料卸到饲料间，再由生产区自用饲料车将饲料从饲料间送至各栋猪舍。若饲料厂与生产区相连，则只允许饲料厂的成品仓库一端与生产区相通，生产区内依旧用自用饲料车运料。

4. 隔离区及粪污处理区

隔离区及粪污处理区包括兽医室和隔离猪舍、尸体剖检室和焚尸坑、毁尸炉，粪污处理及贮存设施（图1-5）等。该区应尽量远离生产猪舍，设在整个猪场的下风或偏风方向、地势较低处，以避免疫病传播和环境污染。隔离区及粪污处理区是卫生防疫和环境保护的重点。

图1-4 生产区

图1-5 污水处理站

（二）猪舍布局

1.防疫绿化带

生活区、生产管理区、生产区与隔离区及粪污处理区之间应设 30～50 m 的防疫绿化带。若有条件，可另设防疫屏障，如防疫沟、防疫栏、防疫围墙等。若有可能，可将生产区中的公猪舍、配种妊娠猪舍、产仔猪舍相对集中为繁殖分区；保育舍单列为保育分区；生长培育、育肥及待售猪舍相对集中为生长育肥分区，各分区之间设 150～250 m 的防疫绿化带更佳。

2.猪舍朝向

调查分析当地的自然条件和气候特点，以有利于猪舍的采光、通风、防暑或保温等为原则确定猪舍朝向。在我国南方，一般选择猪舍长轴东西向，太阳从东端日出晒到西端落坡，避免窗户"晒两面黄"，若有偏角度，以偏东 15° 以内为宜。在我国北方，为改善舍内温度状况和光照效果，其长轴朝向以偏东、西 45° 以内为宜。

3.猪舍间距

猪舍间距一般要求为猪舍檐高的 4～5 倍，例如猪舍檐高 3 m，则猪舍之间的间距即为 12～15 m。若有条件，猪舍间距更大为佳；猪舍间距之间的土地，可作为绿化带或种植高植株饲料。

4.道路

场区内的公共道路、净道和污道互不交叉，出入口分开。净道是指行人和运送饲料、猪产品、生产原料等清洁物品的道路；污道则是运送粪便、污物、病猪、死猪等脏物的道路，这两类道路不能混用、不能交叉。

道路设计尽可能做到直而短，路面坚实，排水良好，不能太光滑。主干道路面宽 4.5～6.5 m；支道 2.5～3.5 m，在支道末端设倒车场。

5.粪池、粪沟

猪舍内设全漏缝或半漏缝地板，地板下设贮粪池。贮粪池底部及四壁采用防水材料，严防污水渗透。粪池贮水一般保持 0.5～0.6 m，贮存水面至漏缝地板距离 0.5 m 以上。粪池排污端分别设两个排污孔，排污孔有可控活塞，粪池中间设隔墙，隔墙远端距粪池壁留有余地，每次排污只开启一个活塞，下次排污开启另一个活塞，使污水能在池内来回流动，达到冲洗排尽的目的。排污孔与地下的排污管道相连，粪污水流到粪污处理站加工处理。

6.管线

管线布置应排列整齐，长度以最短为原则，节约投资。电线和给水管道宜沿净道铺设主管线，向两侧猪舍分出支管线供电供水，在猪舍间设适当数量的消火栓。猪场污水和地面雨雪水分离，不得混排。污水设地下排污管道；地面水可设排水明沟，有条件时可加沟盖板。

※ **任务实施**

设计猪场规划图

1.目标

按猪场规划原则，分组设计猪场规划图。

2.材料

测量直尺、铅笔、签字笔、纸。

3.操作步骤

（1）分组分工：6人／组；

（2）讨论猪场规划图的设计方案；

（3）绘制猪场规划图初稿；

（4）请行业专家指导和修改；

（5）完成猪场规划图的绘制。

※ **任务评价**

"设计猪场规划图"考核评价表

考核内容	考核要点	得分	备注
讨论猪场规划图的设计方案（20分）	1.同猪场规划原则相符（10分） 2.分工明确（10分）		
绘制猪场规划图初稿（30分）	1.各区猪舍分布符合要求（10分） 2.各猪舍排列符合要求（10分） 3.场内道路符合要求（10分）		
根据行业专家的指导意见进行修改（20分）	1.参与指导的行业专家不少于2人（10分） 2.根据行业专家的指导意见进行修改（10分）		
完成猪场规划图的绘制（30分）	1.小组共同参与绘制与修订（10分） 2.定稿猪场规划图（20分）		
总分			
评定等级	□优秀（90～100分）；□良好（80～89分）；□一般（60～79分）		

❓ 任务反思

1.猪场规划与猪舍布局的基本原则是什么？

2.简述猪场规划的要求。

| 任务三 猪场建筑 |

任务描述

　　以小组为单位，搜集现代化养猪场的猪舍类型图片与猪舍基本结构图片，确定适合当地环境的猪舍类型，制订猪舍基本结构方案。

任务目标

　　知识目标：

　　1. 能说出猪舍的不同类型；

　　2. 能说出猪舍的基本结构。

　　技能目标：

　　1. 会设计不同类型的猪舍；

　　2. 会设计猪舍基本结构。

※ 任务准备

猪场建设

一、猪舍的类型

（一）按猪舍屋顶的结构形式分类

　　猪舍按屋顶的结构形式可分为单坡式、双坡式、联合式、平顶式、拱顶式、钟楼式、半钟楼式（图1-6）。

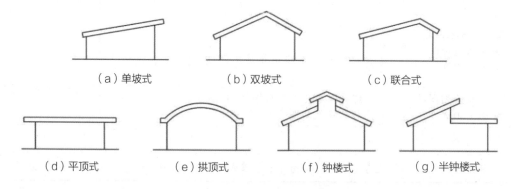

（a）单坡式　　　　　（b）双坡式　　　　　（c）联合式

（d）平顶式　　　（e）拱顶式　　　（f）钟楼式　　　（g）半钟楼式

图1-6　猪舍屋顶结构图

　　1. 单坡式

　　单坡式猪舍的屋顶只有一个坡向，跨度较小，结构简单，用材较少，可就地取材，且施工简单，造价低廉，适用于跨度较小的单列式猪舍和小规模养猪场。单坡式猪舍因前面敞开无坡，所以采光充分，舍内阳光充足、干燥、通风良好；但其缺点是保温隔热性能差，土地及建筑面积利用率低，舍内净高低，不便于舍内操作。

2. 双坡式

双坡式猪舍的屋顶有前后两个近乎等长的坡，是最基本的猪舍屋顶形式，目前在我国使用最为广泛，适用于跨度较大的双列或多列式猪舍及规模较大的养猪场。双坡式猪舍的优点是易于修建，造价较低，舍内通风、保温良好，若设吊顶（天棚）则保温隔热性能更好，可节约土地及建筑面积；缺点是对建筑材料要求较高，投资略大。

3. 联合式

联合式猪舍的屋顶有前后两个不等长的坡，一般前坡短，后坡长，因此又称为不对称坡式，适用于跨度较小的猪舍和较小规模的养猪场。联合式猪舍的前坡可遮风挡雨，采光略差，但保温性能大大提高，其优缺点介于单坡式和双坡式猪舍之间。

4. 平顶式

平顶式猪舍的屋顶近乎水平，多为预制板或现浇钢筋混凝土屋面板，适用于规模化猪场。随着建材工业的发展，平顶式猪舍的使用逐渐增多。该类猪舍的优点是可充分利用屋顶平台，节省木材，不需重设天棚，只要做好屋顶的保温和防水，保温隔热性能良好，使用年限长，使用效果好；缺点是造价较高、屋面防水问题较难解决。

5. 拱顶式

拱顶式猪舍的屋顶呈圆拱形，也称圆顶坡式，适用于中小型猪场。该类猪舍的优点是节省木料，造价较低，坚固耐用，吊设顶棚后保温隔热性能较好；缺点是屋顶本身的保温隔热较差，不便于安装天窗，对施工技术要求较高等。

6. 钟楼式和半钟楼式

钟楼式和半钟楼式猪舍的屋顶是在双坡式猪舍屋顶上安装天窗，如只在阳面安装天窗即为半钟楼式，在两面或多面安装天窗则为钟楼式，适用于炎热地区和跨度较大的猪舍，一般猪舍建筑中较少采用。钟楼式和半钟楼式猪舍的优点是通风、换气好，有利于采光，夏季凉爽，防暑效果好；缺点是不利于保温和防寒，屋架结构复杂，用木料较多，投资较大。

（二）按猪舍墙壁结构分类

猪舍按墙壁结构及密封程度可分为开放式、半开放式和密闭式。其中密闭式猪舍按有无窗户又可分为有窗式和无窗式。

1. 开放式猪舍

开放式猪舍三面设墙，一面无墙，通常是在南面不设墙。开放式猪舍结构简单，造价低廉，通风、采光均好，但是受外界环境影响大，冬季的防寒问题尤其难解决。开放式猪舍适用于农村小型养猪场和专业户，如在冬季加设塑料薄膜可改善保温效果。

2. 半开放式猪舍

半开放式猪舍三面设墙，一面设半截墙（图1-7）。其优缺点及使用效果与开放式猪舍接近，只是保温性能略好，冬季在开敞部分加设草帘或塑料薄膜等遮挡物形成密封状态，能明显提高保温性能。

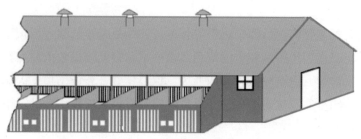

图 1-7　半开放式猪舍

3. 密闭式猪舍

（1）有窗密闭式猪舍　猪舍四面设墙，且多在纵墙上设窗，窗的大小、数量和结构可依当地气候条件来定。寒冷地区可适当少设窗户，而且南窗宜大，北窗宜小，以利保温。夏季炎热地区可在两纵墙上设地窗，屋顶设通风管或天窗。有窗密闭式猪舍的优点是：猪舍与外界环境隔绝程度较高，猪舍保温隔热性能较好，不同季节可根据环境温度启闭窗户以调节通风量和保温，使用效果较好，特别是防寒效果较好；缺点是造价较高。该类猪舍适用于我国大部分地区，特别是北方地区以及分娩舍、保育舍和仔猪舍（图 1-8）。

（2）无窗密闭式猪舍　猪舍四面设墙，与有窗猪舍不同的是墙上只设应急窗，仅供停电时急用，不作采光和通风之用。该类猪舍与外界自然环境隔绝程度较高，舍内的通风、光照、采暖等全靠人工设备调控，能为猪提供适宜的环境条件，有利于猪的生长发育，能够充分发挥猪的生长潜力，提高猪的生产性能和劳动生产率。但该类猪舍的建筑、设备等投资大，能耗和设备维修费用高，因而在我国还不十分适用，目前主要用于对环境条件要求较高的场所，如产房、仔猪保育舍等。

（三）按猪栏排列方式分类

猪舍按猪栏的排列方式又可分为单列式、双列式和多列式。

1. 单列式猪舍

单列式猪舍的跨度较小，猪栏排成一列，一般靠北墙设饲喂走道，舍外可设或不设运动场（图 1-9）。单列式猪舍的优点是结构简单，对建筑材料要求较低，通风采光良好，空气清新；缺点是土地及建筑面积利用率低，冬季保温能力差。该类猪舍适用于专业户养猪和饲养种猪。

图 1-8　有窗密闭式猪舍

图 1-9　单列式猪舍

2.双列式猪舍

双列式猪舍的猪栏排成两列，中间设一走道，有的还在两边再各设一条清粪通道（图1-10）。双列式猪舍的优点是保温性能好，土地及建筑面积利用率较高，管理方便，便于机械化作业；缺点是北侧猪栏自然采光差，圈舍易潮湿，建造比较复杂，投资较大。该类猪舍适用于规模化养猪场和饲养育肥猪。

图 1-10　双列式猪舍

3.多列式猪舍

多列式猪舍的跨度较大，一般在10 m以上，猪栏排列成三列、四列或更多列（图1-11）。多列式猪舍的优点是猪栏集中，管理方便，土地及建筑面积利用率高，保温性能好；缺点是构造复杂，采光、通风差，圈舍阴暗潮湿，空气差，容易传染疾病，一般应辅以机械强制通风，投资和运行费用较高。该类猪舍一般情况下不采用，主要用于大群饲养育肥猪。

图 1-11　多列式猪舍

（四）按猪舍的用途分类

猪舍按照用途不同又可以分为公猪舍、空怀和妊娠母猪舍、泌乳母猪舍、仔猪保育舍及生长育肥猪舍。

1.公猪舍

公猪舍多采用带运动场的单列式。公猪隔栏高度为1.2 ~ 1.4 m，每栏面积一般为7 ~ 9 m²。公猪舍应配置运动场，以保证公猪有充足的运动，防止公猪过肥，保证健康，从而提高精液品质，延长利用年限。

2.空怀和妊娠母猪舍

空怀和妊娠母猪舍可设计成单列式、双列式或多列式，一般小规模猪场可采用带运动场的单列式，现代化猪场则多采用双列式或多列式。空怀和妊娠母猪可群养，也可单养。群养时，通常每圈饲养空怀母猪4～5头或妊娠母猪2～4头。群养可提高猪舍的利用率，使空怀母猪间相互诱导发情，但母猪发情不容易检查，妊娠母猪又易发生争食、咬架而导致死胎、流产等。单养时，用单体限位栏饲养，每个限位栏长2.1 m、宽0.6 m，单养便于发情鉴定、配种和定量饲喂，但母猪的运动量小，受胎率有下降的趋向，难产和猪肢蹄病增多，母猪的使用年限缩短（图1-12）。妊娠母猪亦可采用隔栏定位采食，采食时猪只进入小隔栏，平时则在大栏内自由活动，这样可以增加活动量，减少猪肢蹄病和难产，延长母猪使用年限。

图 1-12　空怀和妊娠母猪舍

3. 泌乳母猪舍

泌乳母猪舍供母猪分娩、哺育仔猪用，其设计既要满足母猪需要，又要兼顾仔猪的要求。泌乳母猪舍常设计为三走道双列式的有窗密闭猪舍，舍内配置分娩栏，分设母猪限位区和仔猪活动栏两个部分（图1-13）。

图 1-13　泌乳母猪舍

4. 仔猪保育舍

仔猪保育舍也称仔猪培育舍，常采用密闭式猪舍。仔猪断奶后就原窝转入仔猪保育舍。仔猪因身体功能发育不完全，怕冷，抵抗力、免疫力差，易感染疾病，因此，保育舍要提供温暖、清洁的环境，配备专门的供暖设备。仔猪培育常采用地面或网上群养，每群8～12头（图1-14）。

5. 生长育肥猪舍

生长育肥猪的身体功能发育日趋完善，对不良环境条件具有较强的抵抗力，因此，可采用多种形式的圈舍饲养。生长育肥猪舍可设计成单列式、双列式或多列式。生长育肥猪可划分为育成和肥育两个阶段，生产中为了减少猪群的转群次数，往往把这两个阶段合并成一个阶段，采用实体地面、部分漏缝地板或全部漏缝地板的地面进行群养，每群10～20头，每头猪占地面（栏底）面积0.8～1.0 m²，采食宽度35～40 cm（图1-15）。

图1-14　仔猪保育舍

图1-15　生长育肥猪舍

二、猪舍的基本结构

一个猪舍的基本结构包括地基与基础、地面、墙壁、屋顶与天棚、门窗等，其中地面、墙壁、屋顶、门窗等又统称为猪舍的外围护结构。猪舍的小气候状况在很大程度上取决于猪舍基本结构，尤其是外围护结构的性能。

（一）地基与基础

1. 地基

支撑整个建筑物的土层称为地基，地基可分为天然地基和人工地基，猪舍一般直接建于天然地基上。天然地基的土层要求结实、土质一致、有足够的厚度、压缩性小、地下水位在2 m以下，通常以一定厚度的沙壤土层或碎石土层较好。黏土、黄土、沙土以及富含有机质和水分、膨胀性大的土层不宜用作地基。

2. 基础

基础是指猪舍墙壁埋入地下的部分。它直接承受猪舍的各种荷载并将荷载传给地基。墙壁和整个猪舍的坚固与稳定状况都取决于基础，因此基础应具备坚固、耐久、适当抗机械作用的能力及防潮、抗震和抗冻的能力。基础一般比墙宽10～20 cm，并呈梯形或阶梯形，以减少建筑物对地基的压力。基础埋深一般为50～70 cm，要求埋置在土层最大冻结深度之下，同时还要加强基础的防潮和防水。实践证明，加强基础的防潮和保温，对改善舍内小气候具有重要意义。

（二）地面

猪舍地面应坚实、致密、平整、不滑、不硬、有弹性，不透水，便于清扫、清洗和消毒，导热性小，具有较高的保温性能，同时地面一般应保持一定坡度（3%～4%），以利于保持地面干燥。土质地面、三合土地面和砖地面保温性能好，但不坚固、易渗水，不便于清洗和消毒。水泥地面坚固耐用、平整，易于清洗、消毒，但保温性能差。目前大多数猪舍地面为水泥地面，为增加保温，可在地面下层铺设孔隙较大的材料，如炉灰渣、空心砖等。为防止雨水倒灌入舍内，一般舍内地面高出舍外 30 cm 左右。

（三）墙壁

墙壁是指基础以上露出地面的、将猪舍与外界隔开的外围护结构，可分为内墙与外墙、承重墙与隔断墙、纵墙与山墙等。猪舍墙壁应具备坚固、耐久、抗震、耐水、防火、抗冻、结构简单、便于清扫消毒的特点，同时还要具备良好的保温隔热性能。墙壁的保温隔热能力取决于建材的特性、墙体厚度以及墙壁的防潮防水措施。

（四）屋顶与天棚

1.屋顶

屋顶是猪舍顶部的承重构件和外围护结构，主要作用是承重、保温隔热、遮风挡雨和防太阳辐射。猪舍屋顶应坚固、耐久、结构简单，有一定的承重能力和良好的保温隔热性能，表面光滑、有一定的坡度，不漏水、不透风，并能满足消防安全要求。

2.天棚

天棚又称顶棚或天花板（图 1-16），是将猪舍与屋顶下空间隔开的结构。天棚必须具备保温、隔热、不透水、不透风、坚固、耐久、防潮、防火、光滑、结构简单轻便等特点。

图 1-16　隔热顶棚

（五）门窗

1.门

猪舍的门可分为内门和外门。舍内分间的门和附属建筑通向舍内的门称为内门，猪舍通向舍外的门称为外门。内门可根据需要设置，但外门一般每栋猪舍在两山墙或纵墙两端各设一扇，若在纵墙上设外门，应设在向阳背风的一侧。门必须坚固、结实，易于出入，向外开。门的宽度一般为 1.0～1.5 m、高度为 2.0～2.4 m。在寒冷地区，为加强门的保温功能，防止冷空气直接侵袭，通常增设门斗，其深度不应小于 2.0 m，宽度应比门大出 1.0～1.2 m。

2.窗

窗户一般开在封闭式猪舍的两纵墙上，有的在屋顶上开天窗。窗户与猪舍的保温隔热、采光通风有着密切的关系。窗户的大小用有效采光面积与舍内地面面积之比，即用采光系数来计算，一般种猪舍的采光系数为 1 :（10 ~ 12），育肥猪舍的采光系数为 1 :（12 ~ 15）。炎热地区，南北窗的采光系数应保持在（1 ~ 2）: 1，寒冷地区则应保持在（2 ~ 4）: 1。窗底距地面 1.1 ~ 1.3 m，窗顶距屋檐 0.2 ~ 0.5 m。

※ **任务实施**

制订猪舍类型与猪舍基本结构方案

调查当地现代化猪舍类型及基本结构，制订适合当地环境的猪舍类型与猪舍基本结构方案。

1.目标

制订适合当地环境的猪舍类型与猪舍基本结构方案。

2.材料

测量直尺、铅笔、签字笔、纸。

3.操作步骤

（1）分组分工：6 人 / 组；

（2）调查当地现代化猪舍类型及基本结构；

（3）绘制适合当地环境的猪舍类型图；

（4）制订猪舍基本结构方案。

※ **任务评价**

"制订猪舍类型与猪舍基本结构方案"考核评价表

考核内容	考核要点	得分	备注
调查当地现代化猪舍类型及基本结构（40分）	1. 猪舍屋顶的结构形式调查（10分） 2. 猪舍墙壁结构和窗户有无分类调查（10分） 3. 猪栏排列方式分类调查（10分） 4. 猪舍的用途分类调查（10分）		
绘制适合当地环境的猪舍类型图（20分）	1. 绘制开放式、半开放式和密闭式猪舍类型图（10分） 2. 绘制单列式、双列式和多列式猪舍类型图（10分）		
猪舍基本结构调查（20分）	1. 地基与基础调查（5分） 2. 地面、墙壁调查（5分） 3. 屋顶与天棚调查（5分） 4. 门、窗调查（5分）		

续表

考核内容	考核要点	得分	备注
制订猪舍基本结构方案（20分）	1. 地基与基础的设计（5分） 2. 地面与墙壁的设计（5分） 3. 屋顶与天棚的设计（5分） 4. 门、窗的设计（5分）		
总分			
评定等级	□优秀（90～100分）；□良好（80～89分）；□一般（60～79分）		

❓ 任务反思

1. 猪舍有哪些类型？

2. 猪场的基本结构特点是什么？

任务四　猪场设备

✏ 任务描述

以小组为单位，收集猪场设备图片，制订猪场设备采购清单，并在畜产品交易市场选择适宜的猪场设备；操作投料、供水、清粪、消毒等设备。

📖 任务目标

知识目标：

1. 能说出猪场设备的名称；

2. 能说出猪场设备的操作步骤。

技能目标：

1. 会选择适宜的猪场设备；

2. 会使用猪场设备。

※ 任务准备

猪场设备延伸了人类的管理能力，是合理提高饲养密度、调控舍内环境、搞好卫生防疫和防止环境污染的重要保证。合理配置养猪设备，可以提高劳动生产率、改善猪只福利、提高生产性能和产品质量，从而直接影响养猪场的效益。猪场的主要设备包括猪栏、饲喂设备、饮水设备、转群设施、清洗消毒设备、清粪设备、通风降温设备等。

一、猪栏

猪栏是限制猪只活动范围并起防护作用的设施（设备），为猪只的活动、生长发育提供了场所，也便于饲养人员的管理。猪栏一般分为公猪栏、配种栏、母猪栏、分娩栏、仔猪保育栏、生长育肥猪栏等。猪栏的基本结构和基本参数应符合《规模猪场环境参数及环境管理》（GB/T 17824.3—2008）的规定。

猪场设备

（一）公猪栏

公猪栏面积一般为 $7 \sim 9 \, \mathrm{m}^2$，栏高 $1.2 \sim 1.4 \, \mathrm{m}$，每栏饲养 1 头公猪，栅栏可以是金属结构，也可以是混凝土结构，栏门均采用金属结构（图 1-17）。

图 1-17　公猪栏

（二）配种栏

配种栏有两种：一种是采用公猪栏，将公猪、母猪驱赶到栏中进行配种；另一种是由 4 个饲养空怀待配母猪的单体限位栏与 1 个公猪栏组成的一个配种单元，公猪饲养在空怀母猪后面的栏中。

（三）母猪栏

集约化和工厂化养猪多采用母猪单体限位栏（图 1-18），用钢管焊接而成，由两侧栏架和前门、后门组成，前门处安装食槽和饮水器，栏长 2.1 m、宽 0.6 m、高 0.96 m。采用母猪栏饲养空怀及妊娠母猪，与群养相比，优点是便于观察发情，及时配种，避免母猪采食争斗，易掌握喂量，控制膘情，预防流产。缺点是限制母猪运动，容易出现四肢软弱或猪肢蹄病，繁殖性能有降低的趋势。

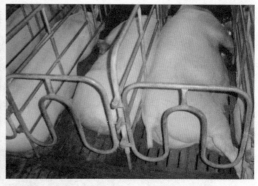

图 1-18　母猪单体限位栏

（四）分娩栏

分娩栏是一种单体栏，是母猪分娩、哺乳和仔猪活动的场所。分娩栏的中间为母猪限位架，母猪限位架一般采用圆钢管和铝合金制成，长 $2.0 \sim 2.1 \, \mathrm{m}$、宽 $0.55 \sim 0.65 \, \mathrm{m}$、

图1-19 母猪分娩栏

高1.0 m。两侧是仔猪围栏，用于隔离仔猪，仔猪在围栏内采食、饮水、取暖和活动。分娩栏一般长2.0～2.1 m，宽1.65～2.0 m，高0.4～0.5 m。高床分娩栏是将金属编织漏缝地板网铺设在粪沟的上面，再在金属地板网上安装母猪限位架、仔猪围栏、仔猪保温箱等（图1-19）。

（五）仔猪保育栏

现代化猪场多采用高床网上保育栏进行仔猪保育。高床网上保育栏主要由金属编织漏缝地板网、围栏、自动食槽、连接卡、支腿等部分组成，相邻两栏在间隔处设有一个双面自动食槽，供两栏仔猪自由采食，每栏各安装一个自动饮水器。常用仔猪保育栏长2 m、宽1.7 m、高0.7 m，离地高度0.25～0.30 m，可饲养10～25 kg体重的仔猪10～12头（图1-20）。

图1-20 仔猪保育栏

（六）生长育肥猪栏

生长育肥猪栏常用的有两种：一种是采用全金属栅栏加水泥漏缝地板网，也就是将全金属栅栏架安装在钢筋混凝土板条地面上，相邻两栏在间隔栏处设有一个双面自动饲槽，供两栏内的猪自由采食，每栏各安装一个自动饮水器；另一种是采用实体隔墙加金属栏门，地面为水泥地面，后部设有0.8～1.0 m宽的水泥漏缝地板网，下面为粪尿沟。实体隔墙可采用水泥抹面的砖砌体结构，也可采用混凝土预制件，高度一般为1.0～1.2 m（图1-21）。几种猪栏（栏栅式）的主要技术参数见表1-2。

图1-21 生长育肥猪栏

表 1-2　几种猪栏（栏栅式）的主要技术参数

猪栏类别	长 /mm	宽 /mm	高 /mm	隔条间距 /mm	备　注
公猪栏	3 000	2 400	1 200	100 ~ 110	
后备母猪栏	3 000	2 400	1 000	100	
保育栏	1 800 ~ 2 000	1 600 ~ 1 700	700	≤ 70	饲养 1 窝猪
保育栏	2 500 ~ 3 000	2 400 ~ 3 500	700	≤ 70	饲养 20 ~ 30 头猪
生长栏	2 700 ~ 3 000	1 900 ~ 2 100	800	≤ 100	饲养 1 窝猪
生长栏	3 200 ~ 4 800	3 000 ~ 3 500	800	≤ 100	饲养 20 ~ 30 头猪
育肥栏	3 000 ~ 3 200	2 400 ~ 2 500	900	100	饲养 1 窝猪

注：在采用小群饲养的情况下，空怀母猪、妊娠母猪猪栏的结构与尺寸和后备母猪猪栏的结构与尺寸相同。

二、饲喂设备

猪场喂料方式可分为机械喂料和人工喂料两种。机械喂料是饲料加工厂事先加工好饲料（全价配合饲料），然后用饲料散装运输车将饲料直接送到猪场的饲料贮存塔（图1-22）中，最后用输送机将饲料送到猪舍食槽内进行饲喂。这种饲喂方法的优点是饲料新鲜，不受污染，减少包装、装卸和散漏损失，还可实现机械化、自动化，节省劳力，提高劳动生产率；但设备造价高，成本大，对电的依赖性大。因此，只在现代化的规模猪场采用较多。

图 1-22　饲料塔

根据饲喂制度（自由采食和限量饲喂）的不同，可将食槽分为自动饲槽和限量饲槽两种。

（一）自动饲槽

自动饲槽就是在饲槽的顶部设有饲料贮存箱（贮料箱），贮存一定量的饲料，当猪吃完饲槽中的饲料时，贮料箱中的饲料在重力的作用下自动落入饲槽内。自动饲槽可用铜板制造，也可用水泥预制件拼装，有双面、单面和圆形等形式。双面自动饲槽供两个猪栏共用（图1-23），单面自动饲槽供一个猪栏用（图1-24），圆形饲槽供一个猪栏用（图1-25）。自动饲槽适用于培育、生长和肥育阶段的猪。各类自动饲槽的主要结构参数见表1-3。

图 1-23　双面自动饲槽

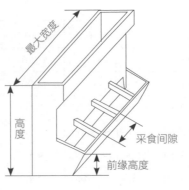

图 1-24　单面自动饲槽

图 1-25　圆形饲槽

表 1-3　各类自动饲槽的主要结构参数

猪的类别	高度 /mm	前缘高度 /mm	最大宽度 /mm	采食间隙 /mm
仔猪	400	100	400	140
幼猪	600	120	600	180
生长猪	800	160	650	230
育肥猪	900	180	800	330

（二）限量饲槽

限量饲槽（图 1-26）用于公猪、母猪等需要限量饲喂的猪群，一般用水泥制成，造价低廉，坚固耐用，也可用钢板或其他材料制成。每头猪所需要的饲槽长度大约等于猪肩部的宽度。每头猪采食所需的饲槽长度见表 1-4。

图 1-26　限量饲槽

表 1-4　每头猪采食所需要的饲槽长度

猪的类别	体重 /kg	每头猪饲槽长度 /mm	猪的类别	体重 /kg	每头猪饲槽长度 /mm
仔猪	≤ 15	180	育肥猪	≤ 75	280
幼猪	≤ 30	200	育肥猪	≤ 100	330
生长猪	≤ 40	230	繁殖猪	≤ 100	330
育肥猪	≤ 60	270	繁殖猪	≥ 100	500

（三）加料车

加料车机动性好，投资少，适合中小型猪场。猪场内需要有较宽的饲喂通道，机械自动化水平低，劳动强度大，生产效率低。

（四）母猪自动饲养管理系统

母猪自动饲养管理系统用计算机软件系统作为控制中心，有一台或者多台饲喂器作为控制终端，有众多的读取感应传感器为计算机提供数据，同时根据母猪饲喂的科学运算公式，由计算机软件系统对数据进行运算处理，处理后指令饲喂器的机电部分来进行工作，达到对母猪的数据管理及精确饲喂管理。这套系统又称为母猪智能化饲喂系统，主要包括母猪智能化精确饲喂系统（图1-27）、母猪智能化分离系统、母猪智能化发情鉴定系统。

图 1-27　母猪智能化饲喂系统

三、饮水设备

饮水设备是现代化猪场必不可少的设备，主要包括供水设备、供水管道和自动饮水器等。

（一）供水设备

猪场供水设备主要包括水的提取、贮存、调节、输送、分配等部分。现代化猪场供水一般采用压力供水，水塔或水箱（图1-28）是供水系统中的重要组成部分，要有适当的容积和压力，容积应能保证猪场2天左右的用水量。

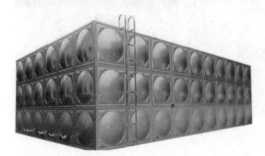

图 1-28　水箱

（二）供水管道

供水管道的设计施工应符合给排水规范要求，管道可选择PVC或PPR等塑料管材，也可选择铁质管材，但应做好防腐处理。室外给水管应埋至冻土层以下，防止冬季冻结。

（三）自动饮水器

猪用自动饮水器的种类很多，有鸭嘴式（图1-29）、乳头式、杯式、碗式（图1-30）等，应用最为普遍的是鸭嘴式。鸭嘴式自动饮水器结构简单、耐腐蚀、寿命长、密封性能好、不漏水、流速较低，符合猪饮水要求。

图 1-29　猪用鸭嘴式自动饮水器　　　　图 1-30　猪用碗式自动饮水器

四、转群设施

猪有不同的繁殖阶段、不同的生长阶段。不同阶段的猪是养在不同猪舍不同猪栏里的，当一群猪结束一个阶段进入下一个阶段时，就需要进行转群。

（一）不同繁殖阶段的猪转群设施

不同繁殖阶段的猪转群主要是指母猪"空怀舍→怀孕舍→哺乳舍→空怀舍"的循环转群。这三种猪舍距离较近，通道不需要很长，用可移动的栏板拼接成固定或移动通道（图1-31）。

（二）不同生长阶段的猪转群设施

不同生长阶段的猪转群分两种，即猪舍之间的转群（图1-32）和从猪舍到运输车上的转群。由于不同生长阶段的猪转群需要获知猪的体重，因此应在转群通道的某处设置磅秤，让猪经过通道时自然走上磅秤（磅秤两头有可以插入的栏板），从而获得猪的体重。此外，把猪从猪舍转到运输车上的通道还需设有装猪台（图1-33）。

图1-31　转群通道　　　　图1-32　猪舍之间的转群通道　　　　图1-33　装猪台

五、清洗消毒设备

定期清洗、消毒猪栏和圈舍时需要高压水枪（图1-34）、蓄水桶（图1-35）、喷雾器等设备。

图1-34　高压水枪冲洗圈舍　　　　图1-35　蓄水桶

六、清粪设备

目前我国猪场的清粪工艺主要有人工干清粪、水冲粪、水泡粪、机械刮粪等四种。

（一）人工干清粪

人工干清粪是最原始、最传统的清粪方法，即人使用工具收集猪的粪便。这种方法需要大量人工，不符合机械化养猪的现状，所以只在少数小规模猪场中仍有使用。因人工干清粪很少需要用水冲洗，所以猪场污水处理的工作较少。

（二）水冲粪

水冲粪往往用在有漏缝地板的猪场。在猪舍一侧建有适当容量的水池，利用物理原理设置成每间隔一定时间放水一次，冲洗粪沟，将粪污从排污道清出。水冲粪几乎不需要人工，减少了人工开支，但其用水量大，污水处理负担重，目前很少有猪场采用该方法。

（三）水泡粪

水泡粪是指在猪舍内的排粪沟中注入一定量的水，将粪、尿、冲洗和饲养管理用水一并排至漏缝地板下的粪沟中，储存一定时间，待粪沟填满后，打开出口，使沟中的粪水排出。

（四）机械刮粪

机械刮粪是采用电力驱动刮粪板清空地沟粪尿的方式，形式上可以分为平刮板和"V"形刮板两种。

1.平刮板

平刮板工艺相对简单，就是将粪尿一起刮出舍外，但由于舍内没有实现干湿分离，因此需要后续增加干湿分离设备。由于地沟坡度不大，尿液容易挥发，所以使用平刮板工艺对舍内空气质量有较大影响。

2."V"形刮板

使用"V"形刮板（图1-36），在猪舍内可以实现干湿分离，尿液借坡度可以较快排出，挥发相对较小。但使用"V"形刮板的猪舍一定要注意地沟的施工质量，避免因地沟沟底精度不达标而影响后续的刮粪效果，同时地沟的密闭性也很重要，否则，空气质量也会受到严重影响。为克服这个困难，可在刮粪

图 1-36　刮粪板清粪

机端部设置盖板，粪便刮出时顶开盖板，粪便刮出后盖板自动盖下，从而保障猪舍的气密性。机器刮粪所用的电机、滑轮等需进行日常维护和保养，所以这些部件应设置在易于人员操作的位置，以降低维护保养的难度。

七、通风降温设备

为了排出猪舍内的有害气体，降低舍内的温度和局部调节温度，一定要进行通风换气，换气量应根据舍内的二氧化碳或水汽含量进行计算。是否采用机械通风，可依据猪场具体情况来确定，对于猪舍面积小、跨度不大、门窗较多的猪场，为节约能源，可利用自然通风。如果猪舍空间大、跨度大、猪的密度高，特别是采用水冲粪或水泡粪的全漏缝或半漏缝地板养猪场，一定要采用机械强制通风。通风机配置的方案较多，常用的有以下几种：侧进（机械），上排（自然）通风；上进（自然），下排（机械）通风；

机械进风（舍内进），地下排风和自然排风；纵向通风，一端进风（自然），一端排风（机械）。

自动化程度很高的猪场，供热保温、通风降温都可以实现自动调节。如果温度过高，则帘幕自动打开，冷气机或通风机工作；如果温度太低，则帘幕自动关闭，保温设备自动工作。

负压湿帘降温系统是猪场环境控制的新型降温系统（图1-37）。其原理是：在猪舍一端安装湿帘，另一端安装风机，风机向外排风时，从湿帘进风，空气在通过有水的湿帘时温度降低，进入猪舍后使猪舍内的温度降低。使用负压湿帘降温系统能有效地降低舍内温度，提供充足的新鲜空气，有效保证了猪群的健康生长。

图 1-37　负压湿帘降温系统

※ 任务实施

一、猪场设备的认识与选择

1. 目标

认识猪场设备，制订猪场设备清单并在畜产品市场选择相应设备。

2. 材料

测量直尺、签字笔、纸、照相机。

3. 操作步骤

（1）认识并选择猪栏；

（2）认识并选择饲喂设备；

（3）认识并选择饮水设备；

（4）认识并选择转群设施；

（5）认识并选择清洗消毒设备；

（6）认识并选择清粪设备；

（7）认识并选择通风降温设备。

二、猪场设备的操作

1. 目标

能正确操作猪场各种设备，方便日常管理，提高工作质量和效率。

2.设备

各类猪栏、饲喂设备、饮水设备、转群设施、消毒设备、清粪设备、通风降温设备。

3.操作步骤

（1）安装各类猪栏；

（2）操作饲喂设备；

（3）操作饮水设备；

（4）操作转群设施；

（5）清洗消毒猪栏；

（6）操作清粪设备；

（7）操作通风降温设备。

※ 任务评价

"猪场设备的认识与选择"考核评价表

考核内容	考核要点	得分	备注
认识并选择猪栏（20分）	1.认识并选择公猪栏、配种栏（5分） 2.认识并选择母猪栏、分娩栏（5分） 3.认识并选择仔猪保育栏（5分） 4.认识并选择生长育肥猪栏（5分）		
认识并选择饲喂设备（20分）	1.认识并选择自动饲槽（5分） 2.认识并选择限量饲槽（5分） 3.认识并选择料塔、运料车（5分） 4.认识并选择母猪自动饲养管理（5分）		
认识并选择饮水设备（10分）	1.认识并选择水箱（5分） 2.认识并选择自动饮水器（5分）		
认识并选择转群设施（15分）	1.认识并选择转群栏板（5分） 2.认识并选择磅秤（5分） 3.认识并选择装猪台（5分）		
认识并选择清洗消毒设备（15分）	1.认识并选择蓄水桶（5分） 2.认识并选择高压水枪（5分） 3.认识并选择喷雾器（5分）		
认识并选择清粪设备（10分）	认识并选择平刮板（10分）		
认识并选择通风降温设备（10分）	1.认识并选择通风机、冷风机（5分） 2.认识并选择湿帘风机（5分）		
总分			
评定等级	□优秀（90～100分）；□良好（80～89分）；□一般（60～79分）		

"猪场设备的操作"考核评价表

考核内容	考核要点	得分	备注
安装各类猪栏（20分）	1. 安装公猪栏、配种栏（5分） 2. 安装母猪栏、分娩栏（5分） 3. 安装仔猪保育栏（5分） 4. 安装生长育肥猪栏（5分）		
操作饲喂设备（20分）	1. 使用自动饲槽（5分） 2. 使用限量饲槽（5分） 3. 使用料塔、运料车（5分） 4. 操作母猪自动饲养管理系统（5分）		
检查并操作饮水设备（10分）	1. 检查水箱（5分） 2. 检查自动饮水器（5分）		
转群设施的操作（15分）	1. 转群栏板的使用（5分） 2. 磅秤的使用（5分） 3. 装猪台的使用（5分）		
清洗消毒猪栏（15分）	1. 清洗消毒蓄水桶（5分） 2. 高压水枪的使用（5分） 3. 喷雾器的使用（5分）		
操作清粪设备（10分）	平刮板的操作（10分）		
操作通风降温设备（10分）	1. 通风机、冷风机的操作（5分） 2. 湿帘风机的操作（5分）		
总分			
评定等级	□优秀（90～100分）；□良好（80～89分）；□一般（60～79分）		

❓ 任务反思

1. 猪场设备有哪些类型？
2. 常用的通风降温设备有哪些？

| 任务五　养猪生产工艺流程 |

✎ 任务描述

　　以小组为单位，对附近猪场的养猪生产工艺流程进行调查，搜集当地的养猪生产工艺流程，画出不同猪场类型的养猪生产工艺流程图。

任务目标

知识目标：

1. 能说出不同类型猪场的养猪生产工艺流程；
2. 能说出现代养猪生产的饲养工艺流程。

技能目标：

1. 会按生产需要设计不同类型猪场的养猪生产工艺流程；
2. 能绘制现代养猪生产的饲养工艺流程图。

※ 任务准备

一、不同类型猪场的养猪生产流程

（一）原种猪场生产流程

原种猪场的主要任务是建立纯种选育核心群，进行各品种、各品系猪种的选育、提高和保种，并向扩繁种猪场提供优良的纯种公母猪，以及向商品猪场提供优良的终端父本种猪（图 1-38）。

养猪生产工艺流程

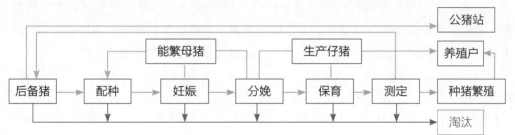

图 1-38　原种猪场生产流程图

（二）种猪繁殖场生产流程

种猪繁殖场的主要任务是进行二元杂交生产，向商品场提供优良的父母代二元杂交母猪，同时向养殖户或生长育肥场提供二元杂交商品猪苗（图 1-39）。

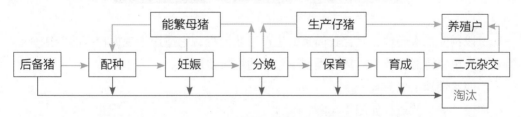

图 1-39　种猪繁殖场生产流程图

（三）商品猪场生产流程

商品猪场的主要任务是进行三／四元杂交生产，向养殖户或生长育肥场提供优质的商品猪苗（图 1-40）。

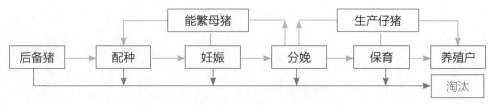

图 1-40　商品猪场生产流程

（四）公猪站生产流程

公猪站生产流程如图 1-41 所示。

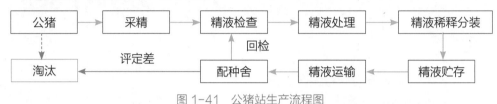

图 1-41　公猪站生产流程图

二、现代化猪场生产工艺流程

（一）一点一线式生产工艺流程

一点一线式生产工艺是指在同一个地方，一个生产场内按配种、妊娠、分娩、保育、生长、育肥等生产流程组成一条生产线（图 1-42）。其优点是管理方便，转群简单，猪群应激小。一点一线式生产工艺适合规模小、资金少的猪场，是目前我国养猪业中最常用的方式之一。一点一线式生产工艺流程又分为 4 种饲养工艺流程。

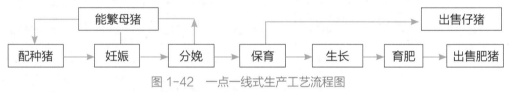

图 1-42　一点一线式生产工艺流程图

1. 三段饲养工艺流程

三段饲养工艺流程如图 1-43 所示。

图 1-43　三段饲养工艺流程图

三段饲养二次转群，是比较简单的生产工艺流程，它适用于规模较小的养猪企业，特点是简单、转群次数少；猪舍类型少，节约维修费用等。

2. 四段饲养工艺流程

四段饲养工艺流程如图 1-44 所示。

图 1-44　四段饲养工艺流程图

四段饲养三次转群，保育期一般持续到第 10 周，猪的体重达 25 kg，转入生长育肥舍，断奶仔猪比生长育肥猪对环境条件要求高，这样便于采取措施提高成活率。

3.五段饲养工艺流程

五段饲养工艺流程如图 1-45 所示。

图 1-45　五段饲养工艺流程图

五段饲养四次转群，与四段饲养相比，是把空怀待配母猪和妊娠母猪分开，单独组群。空怀母猪配种后观察 21 天，确定妊娠转入妊娠舍饲养至产前 7 天转入分娩哺乳舍。其优点是断奶母猪复膘快、发情集中、便于发情鉴定，容易把握适时配种。

4.六段饲养工艺流程

六段饲养工艺流程如图 1-46 所示。

图 1-46　六段饲养工艺流程图

六段饲养五次转群，与五段饲养相比，是将生长育肥猪分成生长猪和育肥猪。仔猪从出生到出栏经过哺乳、保育、育成、育肥 4 段，其优点是可以最大限度地满足猪生长发育对饲养营养、环境管理的不同需求，充分发挥猪生长潜力，提高养猪效率。

（二）多点式饲养工艺流程

将早期隔离断奶技术应用于现代规模化养猪生产便产生了多点生产模式，如二点式饲养工艺、三点式饲养工艺、多点式饲养工艺等。

1.二点式饲养工艺

二点式饲养工艺就是将规模大的猪场分成两个区（图 1-47、图 1-48）：

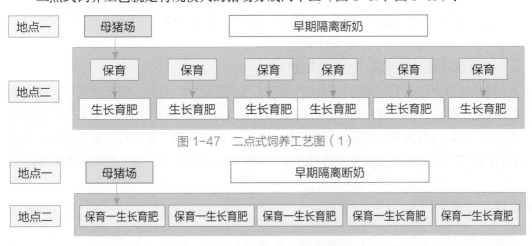

图 1-47　二点式饲养工艺图（1）

图 1-48　二点式饲养工艺图（2）

（1）繁殖母猪区　公猪、后备猪、母猪和哺乳仔猪；

（2）仔猪保育区和生长育肥区　断奶仔猪和生长育肥猪。

2.三点式饲养工艺

三点式饲养工艺就是将规模大的猪场分成三区（图 1-49）：

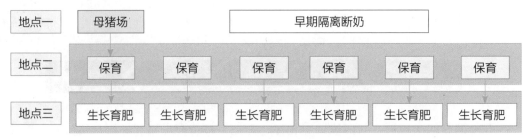

图 1-49　三点式饲养工艺图

（1）繁殖母猪区　公猪、后备猪、母猪和哺乳仔猪；

（2）仔猪保育区　断奶仔猪；

（3）生长育肥区　生长育肥猪。

这种工艺隔离防疫效果较好，猪群转群一般采用猪群转运车进行。规模特别大的，则以场为单位实行全进全出。

3.多点式饲养工艺

多点式饲养工艺就是将规模大的猪场分成多个区（图1-50）：

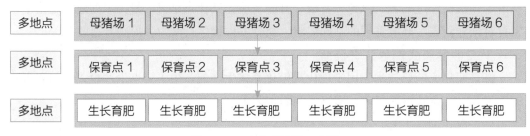

图 1-50　多点式饲养工艺图

（1）多个繁殖母猪区　公猪、后备猪、母猪和哺乳仔猪；

（2）多个仔猪保育区　断奶仔猪；

（3）多个生长育肥区　生长育肥猪。

现代养猪生产的工艺流程，以场为单位实行全进全出，有利于防疫和管理，可以避免猪场过于集中而给环境控制和废弃物处理带来负担。饲养阶段的划分并不是固定不变的，如：将妊娠母猪分为妊娠前期和妊娠后期，以加强管理，提高母猪的分娩率；工艺流程中饲养阶段的划分必须根据猪场的性质和规模，以提高生产力水平为前提来确定。

※ 任务实施

设计并绘制现代养猪生产的饲养工艺流程图

1.目标

通过调查当地猪场养猪生产工艺流程和饲养工艺流程，绘制不同猪场类型的养猪生产工艺流程图和饲养工艺流程图。

2.材料

笔、纸、直尺、橡皮、相机。

3.操作步骤

（1）调查并绘制不同类型猪场生产工艺流程（原种猪场生产流程、种猪繁殖场生产流程、商品猪生产流程）。

（2）绘制现代养猪生产的一点一线式生产工艺流程（三段饲养工艺流程、四段饲养工艺流程、五段饲养工艺流程、六段饲养工艺流程）。

（3）绘制多点式饲养工艺流程（二点式饲养工艺流程、三点式饲养工艺流程、多点式饲养工艺流程）。

※ 任务评价

"设计并绘制现代养猪生产的饲养工艺流程图"考核评价表

考核内容	考核要点	得分	备注
绘制不同类型猪场生产工艺流程（30分）	1. 绘制原种猪场生产流程（10分） 2. 绘制种猪繁殖场生产流程（10分） 3. 绘制商品猪生产流程（10分）		
绘制现代养猪生产的一点一线式生产工艺流程（40分）	1. 绘制三段饲养工艺流程（10分） 2. 绘制四段饲养工艺流程（10分） 3. 绘制五段饲养工艺流程（10分） 4. 绘制六段饲养工艺流程（10分）		
绘制多点式饲养工艺流程（30分）	1. 绘制二点式饲养工艺流程（10分） 2. 绘制三点式饲养工艺流程（10分） 3. 绘制多点式饲养工艺流程（10分）		
总分			
评定等级	□优秀（90～100分）；□良好（80～89分）；□一般（60～79分）		

任务反思

1.写出不同类型猪场生产工艺流程。

2.现代养猪生产的饲养工艺流程有哪些？

| 任务六　猪场环境控制 |

✎ 任务描述

　　猪场的环境严重影响养猪效益，加强猪舍卫生管理、保持猪舍干燥通风、提高空气质量等能减少猪病发生。猪舍依靠外围护结构不同程度地与外界自然环境隔绝，形成舍内小气候，通过采取有效措施，为猪只创造适宜的生活环境，可保证其生产性能的充分发挥。某养殖场场长需要一套猪舍环境控制方案，请同学们帮小张同学设计一份初步方案。

📖 任务目标

　　知识目标：

　　1. 能说出影响猪场环境的常见因素；

　　2. 能说出猪场的环境控制要点；

　　3. 能说出猪场环境保护的措施。

　　技能目标：

　　1. 能正确分析猪场环境的影响因素；

　　2. 能制订猪场环境控制方案；

　　3. 能设计猪场环境保护方案。

※ 任务准备

一、影响猪场环境的因素分析

猪场环境控制

　　影响猪生产的环境因素有物理性因素、化学性因素和生物性因素，概括起来主要有以下几方面。

　　（一）物理性因素

　　1. 温度

　　适宜的环境温度是保证猪正常生长发育、繁殖和生产的先决条件。不同品种、类型和年龄的猪所需的适宜环境温度各不相同。总体来说，随着日龄和体重的增长，猪所需的环境温度逐渐降低。

　　生产实践中从猪的增重速度、饲料转化率、抗病力和繁殖力等多方面综合考虑，断奶后仔猪的适宜环境温度应保持在 15 ~ 23 ℃，哺乳仔猪的适宜环境温度为 25 ~ 35 ℃。不同生产阶段猪的适宜环境温度见表 1-5。

表 1-5　不同生产阶段猪的适宜环境温度

猪舍类型	空气温度 /℃		
	舒适范围	高临界	低临界
种公猪舍	15 ~ 20	25	13
空怀妊娠母猪舍	15 ~ 20	27	13
哺乳母猪舍	18 ~ 22	27	16
哺乳仔猪保温箱	28 ~ 32	35	27
保育舍	20 ~ 25	28	16
生长育肥舍	15 ~ 23	27	13

2. 湿度

猪舍内空气的湿度对猪的影响是多方面的，多与环境温度协同，对猪的健康和生产性能产生影响。生产中常用相对湿度来衡量空气的潮湿程度，一般高湿的影响较大。因此，应尽量保持猪舍的相对干燥。猪的适宜湿度为 60% ~ 75%。不同生产阶段猪的具体适宜湿度见表 1-6。

表 1-6　不同生产阶段猪的具体适宜湿度

猪舍类型	空气湿度 /%		
	舒适范围	高临界	低临界
种公猪舍	60 ~ 70	85	50
空怀妊娠母猪舍	60 ~ 70	85	50
哺乳母猪舍	60 ~ 70	80	50
哺乳仔猪保温箱	60 ~ 70	80	50
保育舍	60 ~ 70	80	50
生长育肥舍	65 ~ 75	85	50

3. 通风

通风与温度、湿度共同作用于猪体，主要影响猪的体热散失，适当的通风还可排除猪舍内的污浊气体和多余水汽（图 1-51）。正常温度下，猪舍内通风的气流速度以 0.1 ~ 0.2 m/s 为宜，最高不超过 0.25 m/s。通风切忌贼风侵袭。每年冬季都是规模化猪场猪病，尤其是呼吸系统疾病的多发季节。实践证明，冬季在采用热风炉或暖气等供暖措施提高猪舍温度的基础上适当增加通风，可有效降低猪群的发病率。

图 1-51　猪舍风机通风

4. 光照

光照按光源不同分为自然光照和人工光照。光照对猪的生长发育、健康、繁殖、生产力以及工作人员的操作均有影响。一般情况下，生长育肥猪群的光照强度为

30 ~ 50 lx，光照时间为 8 ~ 12 h；其他猪群的光照强度为 50 ~ 100 lx，光照时间为 14 ~ 18 h。

5.噪声

噪声一般由外界传入猪舍或由舍内机械运转或猪自身产生。目前我国还没有制定养猪场噪声控制标准。一般认为，10 周龄以内的仔猪舍噪声不得超过 65 dB，其他猪舍噪声不超过 80 ~ 85 dB。

（二）化学性因素

影响猪舍环境的化学性因素主要是有害气体。猪舍内的有害气体主要有氨气（NH_3）、硫化氢（H_2S）、二氧化碳（CO_2）和一氧化碳（CO）等。有害气体在猪舍内产生和积累的浓度，取决于猪舍的密封程度、通风条件、饲养密度和排泄物处理等。

一般猪舍内有害气体的浓度应控制在以下范围：氨气（NH_3）在产房及哺乳母猪舍不超过 15 mg/m³，在其他猪舍不超过 20 mg/m³；硫化氢（H_2S）在所有猪舍中都不超过 10 mg/m³；二氧化碳（CO_2）在所有猪舍中都不超过 0.2%；一氧化碳（CO）在妊娠及带仔母猪舍、哺乳及断奶仔猪舍不超过 5 mg/m³，在种公猪舍、空怀母猪舍及育成猪舍不超过 15 mg/m³，在育肥猪舍不超过 20 mg/m³。

（三）生物性因素

猪舍内的有害生物主要有各种病原微生物、媒介生物和老鼠等。媒介生物是指传播疾病的节肢动物。对有害生物不能忽视，必须采取有效措施予以杀灭。

二、猪场的环境控制

（一）猪舍内温度的控制

猪舍内温度的控制主要通过外围护结构的保温隔热、猪舍的防暑降温与防寒保温来实现。

1.猪舍的保温隔热

猪舍屋顶必须选用导热性小的材料，并且要求有一定的厚度；在屋顶铺设保温层和进行吊顶可明显增强保温隔热效果。猪舍墙壁应选用热阻大的建筑材料，利用空心砖或空心墙体，并在其中填充隔热材料，可明显提高墙壁的热阻，取得更好的保温隔热效果。

寒冷地区应在能满足采光或夏季通风的前提下，尽量少设门窗，尤其是地窗和北窗，加设门斗，窗户设双层，气温低的月份挂草帘或棉帘保暖。冬季，地面的散热也很大，可在猪舍不同部位采用不同材料的地面增加保温。猪床用保温性能好、富有弹性、质地柔软的材料，其他部位用坚实、不透水、易消毒、导热性小的材料。

减小外围护结构的表面积，可明显提高保温效果。在以防寒为主的地区，在不影响饲养管理的前提下，应适当降低猪舍的高度，以檐高 2.2 ~ 2.5 m 为宜。在炎热地区，应适当增加猪舍的高度，采用钟楼式屋顶有利于防暑。

2.猪舍的防暑降温

（1）通风降温　通风分为自然通风和机械通风两种，夏季多开门窗，增设地窗，使猪舍内形成穿堂风。炎热气候和跨度较大的猪舍，应采用机械强制通风，形成较强气流，增强降温效果，如烟囱式对流通风。

（2）蒸发降温　向屋顶、地面、猪体上喷洒冷水，靠水分蒸发吸热而降低舍内温度。但会使舍内的湿度增大，应间歇喷洒。在高湿气候条件下，水分蒸发有限，故降温效果不佳。

（3）湿帘—风机降温系统　是一种生产性降温设备，由湿帘、风机、循环水路及控制装置组成。湿帘—风机降温系统主要靠蒸发降温，也有通风降温的作用，降温效果十分明显（图1-52）。

图 1-52　湿帘—风机降温系统

此外，常用的降温措施还有在猪舍外搭设遮阳棚、屋顶墙壁涂白、搞好场区绿化、降低饲养密度以及供应清凉、洁净、充足的饮水等。

3.猪舍的防寒保暖

在寒冷季节，当通过猪舍外围护结构的保温不能使舍内温度达到要求时，就需采取人工供热措施，尤其是仔猪舍和产房。人工供热可分为集中供暖和局部供暖两种形式。集中供暖是用同一热源，如暖气、热风炉、火炉、火墙等供暖设备来提高整个猪舍的温度；局部供暖是用红外线灯（图1-53）、电热板、火炕、保育箱、热水袋等局部采暖设备对舍内局部区域供暖，主要应用在产仔母猪舍的仔猪活动区。

图 1-53　红外线灯保温

（二）猪舍内湿度与有害气体的控制

猪舍内的湿度与有害气体可通过通风来控制，通风分自然通风和机械通风两种方式。

1.自然通风

自然通风是靠舍内外的温差和气压差实现的。猪舍内气温高于舍外，舍外空气从猪舍下部的窗户、通风口和墙壁缝隙进入舍内，舍内的热空气上升，从猪舍上部的通风口、窗户和缝隙排至舍外，称为"热压通风"。舍外刮风时，风从迎风面的门、窗户、洞口和墙壁缝隙进入舍内，从背风面和两侧墙的门、窗或洞口排出，称为"风压通风"。

2.机械通风

（1）负压通风　用风机把猪舍内污浊的空气抽到舍外，使舍内的气压低于舍外而形成负压，舍外的空气从门窗或进风口进入舍内。

（2）正压通风　用风机将风强制送入猪舍内，使舍内气压高于舍外，舍内污浊空气被排至舍外。

（3）联合通风　同时利用风机送风和利用风机排风。

冬季通风与保温是相互矛盾的，不能为保温而忽视通风，一般情况下，冬季通风以舍温下降不超过2℃为宜。

（三）猪舍内光照的控制

光照按光源分为自然光照和人工光照。自然采光的猪舍在设计建造时，应保证适宜的采光系数（门窗等透光构件的有效透光面积与猪舍地面面积之比），一般成年母猪舍和育肥猪舍为1∶（12～15），哺乳母猪舍、种公猪舍和哺乳仔猪舍为1∶（10～12），培育仔猪舍为1∶10；同时还要保证入射角不小于45°，透光角不小于45°（图1-54）。人工光照多采用白炽灯或荧光灯作光源，要求照度均匀，能满足猪只对光照的需求。

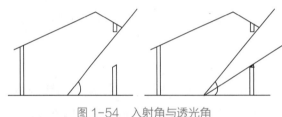

图1-54　入射角与透光角

（四）有害生物的控制

1.搞好猪场的卫生管理

（1）每天清扫猪舍，清理生产垃圾，清除粪便，清洗、刷拭地面、猪栏及用具，保持舍内干燥清洁。

（2）保持饲料及饲喂用具干净卫生，不喂发霉、变质及来路不明的饲料，定期对饲喂用具进行清洗、消毒。

（3）在保持舍内温暖干燥的同时，适时通风换气，排出猪舍内的有害气体，保持舍内空气新鲜。

2.搞好猪场的防疫管理

（1）建立健全并严格执行卫生防疫制度，认真贯彻落实"以防为主、防治结合"的基本原则。

（2）认真贯彻落实严格检疫、封锁隔离的制度。

（3）建立健全并严格执行消毒制度。消毒可分为终端消毒、即时消毒和日常消毒，门口设立消毒池，定期更换消毒液，交替更换使用几种广谱、高效、低毒的消毒药物进行环境、栏舍、用具及猪体消毒。

（4）建立科学的免疫程序，选用优质疫（菌）苗切实进行免疫接种。

3.做好药物保健工作

正确选择并交替使用保健药物，采用科学的投药方法，严格控制药物的剂量。

4.严格处理病死猪的尸体

对病猪进行隔离观察和治疗，对病死猪的尸体进行无害化处理。

5.消灭老鼠和媒介生物

（1）灭鼠　常用对人、畜低毒的灭鼠药进行灭鼠，投药灭鼠要全场同步进行，合理分布投药点，并及时无害化处理鼠尸。

（2）消灭蚊、蝇、蠓、蜱、螨、虱、蚤、白蛉、虻、蚋等寄生虫和吸血昆虫　要减少或防止媒介生物对猪的侵袭和疾病传播，可选用敌百虫、敌敌畏、倍硫磷等杀虫药物杀灭媒介生物，使用时应注意对人、猪的防护，防止人、猪中毒。另外，在猪舍门、窗上安装纱网，可有效防止蚊、蝇的袭扰。

（3）控制其他动物　猪场内不得饲养犬、猫等动物，以免传播弓形虫病，还要防止其他动物入侵猪场。

三、猪场环境保护

（一）猪场对环境的污染

猪场对环境的污染主要表现在对大气、水源和土壤的污染。猪场所产生的污染物主要有粪便、污水、有害气体、噪声及病原微生物等。因此，必须足够重视猪场对环境的污染。

（二）猪场的环境保护措施

（1）科学设计规划养猪场，规模适度。

（2）改善饲养管理，减少污染物排放量。

（3）促进农牧结合，发展生态养殖业。

（4）科学处理和利用猪场的粪尿和污水。

（5）生物除臭，净化空气。

※ 任务实施

猪场环境控制操作

1.目标

通过本次实践，理解猪场环境对猪生长的影响，掌握猪场环境控制技术与方法。

2.设备与材料

实验猪舍、温湿度传感器、自动化通风系统、智能照明系统、数据采集与分析软件、记录本、记录笔。

3.操作步骤

（1）猪场的环境控制　①猪舍内温度的控制；②猪舍内湿度与有害气体的控制；

③猪舍内光照的控制；④有害生物的控制。

（2）猪场环境保护　①猪场对环境的污染控制；②猪场环境保护的措施。

※ 任务评价

"设计一套猪场环境控制方案"考核评价表

考核内容	考核要点	得分	备注
猪场的环境控制 （60分）	1. 猪舍内温度的控制（15分） 2. 猪舍内湿度与有害气体的控制（15分） 3. 猪舍内光照的控制（15分） 4. 有害生物的控制（15分）		
猪场环境保护 （40分）	1. 猪场环境污染的控制（20分） 2. 猪场环境保护的措施（20分）		
总分			
评定等级	□优秀（90～100分）；□良好（80～89分）；□一般（60～79分）		

？ 任务反思

1. 影响猪场的环境因素有哪些？

2. 猪舍的环境控制主要从哪几个方面着手？

3. 猪场的环境保护措施有哪些？

※ 项目小结

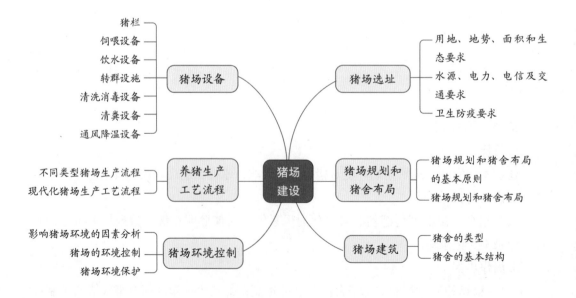

项目测试

一、单项选择题

1. 猪场场址需交通便利，但应与交通主干道保持（　　）以上距离。

　　A.100 m　　　　　　B.500 m　　　　　　C.1 000 m　　　　　　D.1 500 m

2. 相邻两猪舍端墙间距以不小于（　　）为宜。

　　A.5 m　　　　　　B.10 m　　　　　　C.15 m　　　　　　D.20 m

3. 公猪舍多采用带运动场的（　　）。

　　A. 单列式猪舍　　B. 双列式猪舍　　C. 多列式猪舍　　D. 密闭式猪舍

4. 仔猪保育舍常采用（　　）。

　　A. 密闭式猪舍　　B. 开放式猪舍　　C. 半开放式猪舍　　D. 全敞开式

5. 猪场地面一般应保持（　　）的坡度。

　　A.1% ~ 2%　　　　B.2% ~ 3%　　　　C.3% ~ 4%　　　　D.5% ~ 10%

6. 在寒冷地区，为加强门的保温，防止冷空气直接侵袭，通常增设（　　）。

　　A. 外门　　　　　　B. 内门　　　　　　C. 中门　　　　　　D. 门斗

7. 水塔或水箱是供水系统中的重要组成部分，要有适当的容积和压力，容积应能保证猪场至少（　　）天的用水量。

　　A.1　　　　　　　B.2　　　　　　　C.5　　　　　　　D.10

8. 使用（　　）系统能有效地降低舍内温度，提供充足的新鲜空气，有效保证了猪群的健康生长。

　　A. 水蒸发式冷风机　　　　　　　B. 猪舍内喷雾降温

　　C. 滴水降温　　　　　　　　　　D. 负压湿帘降温

9. 在饲养工艺流程中，目前我国养猪业中最常用的方式之一是（　　）。

　　A. 一点一线式生产工艺　　　　　B. 二点式生产模式

　　C. 三点式饲养工艺　　　　　　　D. 多点式饲养工艺

10. 保育舍的适宜环境温度应为（　　）℃。

　　A.5 ~ 10　　　　B.10 ~ 20　　　　C.20 ~ 25　　　　D.30 ~ 35

二、多项选择题

1. 猪场场区布局，应根据地势由高到低、全年主导风方向，依次设置（　　）。

　　A. 生活区　　　　　　　　　　　B. 生产管理区

　　C. 生产区　　　　　　　　　　　D. 隔离区及粪污处理区

2. 猪舍类型按猪栏的排列方式可分为（　　）。

　　A. 单列式猪舍　　B. 开放式猪舍　　C. 双列式猪舍　　D. 多列式猪舍

3. 目前我国猪场的清粪工艺主要有（　　）。

　　A. 人工干清粪　　B. 水冲粪　　　C. 水泡粪　　　D. 机械刮粪

三、判断题

1. 猪舍间距一般要求为猪舍檐高的 4 ~ 5 倍。 （　　）

2. 猪场气候状况在很大程度上取决于猪舍基本结构，尤其是外围护结构的性能。 （　　）

3. 分娩栏是一种单体栏，是母猪分娩、哺乳和仔猪活动的场所。 （　　）

4. 不同生长阶段的猪转群主要是指母猪从空怀舍→怀孕舍→哺乳舍→空怀舍的循环转群。 （　　）

5. 使用负压风机＋降温湿帘自动降温系统能有效地降低舍内温度，提供充足的新鲜空气，有效保证猪群的健康生长。 （　　）

6. 通风与温度、湿度共同作用于猪体，主要是影响猪场的空气。 （　　）

7. 一点一线式生产工艺是指在同一个地方，同一个生产场内按配种、妊娠、分娩、保育、生长、育肥等生产流程组成一条生产线。 （　　）

8. 冬季通风以舍温下降不超过 5 ℃为宜。 （　　）

9. 饲料中添加纤维素酶和蛋白酶等消化酶，可以减少粪便排放量和粪中的含硫量。 （　　）

10. 生态综合养殖是指实行"猪—鱼、沼气—鱼"相结合或"猪—沼气加工"相结合，可有效保护环境，增加收入。 （　　）

四、填空题

1. 猪场场地规划要考虑的因素较多，主要原则是应有利于_____和_____。

2. 生产区包括各类_____和_____。

3. 猪场喂料方式可分为_____和_____两种。

4. 猪场对环境的污染主要是对大气、_____和_____的污染。

5. 光照按光源分为_____和_____。

6. 通风分_____通风和_____通风两种方式。

7. 人工供热可分为_____采暖和_____采暖两种形式。

8. 猪舍的门可分为_____门和_____门。

9. 猪场内净道和污道必须严格_____，不得_____。

10. 猪舍类型按猪舍墙壁的结构及密封程度可分为开放式、_____式和_____式猪舍。

五、简答题

1. 猪场规划布局的基本原则是什么？

2. 猪舍按屋顶的结构形式可分为哪几种？

3. 猪舍按用途可分为哪几类？

4. 猪舍通风常用的形式有哪几种？

5. 猪场环境保护的措施主要有哪些？

项目二

猪的品种与繁育

【项目导入】

联合国粮食及农业组织家畜多样性信息系统最新数据显示，全球共有猪品种 629 个，其中地方猪种 570 个。我国拥有着丰富的地方猪遗传资源，目前有猪品种 139 个，其中地方猪品种 85 个，并且很多地方猪品种具有独一无二的优良特性。地方猪品种为我国猪肉生产提供了丰富、宝贵的遗传基础和材料资源，更是中国与其他国家建立友好关系的重要"使者"。

近年来，随着养猪业的规模化、集团化发展，地方猪种群数量逐渐萎缩，有些品种甚至趋于零。优良地方猪种资源是实现种业振兴的基础和宝贵财富，只有加强地方猪基因资源的挖掘和开发利用、打造地方猪产业链，才有利于更好地推动中国生猪产业可持续发展。因此，一定要对地方猪资源进行充分保护与开发利用，培育中国特色猪品种，发挥各地方猪资源优势，做强地方猪产业。作为新时代畜牧工作者更应厚植爱国主义情怀，坚定从事畜牧行业的信念，努力学习，勇于探索新技术，做好猪种资源保护工作。

本项目将完成 3 个学习任务，即猪的生物学特征和行为学特征；猪品种的识别；猪的杂交与选配。

| 任务一　猪的生物学特征和行为学特征 |

任务描述

　　小王入职一猪场饲养员岗位，场长要求小王观察记录不同类型猪的生物学特征和行为学特征，并完成记录报告。

任务目标

知识目标：

1.能说出猪的生物学特征；

2.能说出猪的行为学特征。

技能目标：

1.会根据猪的生物学特征指导生产；

2.会根据猪的行为学特征指导生产。

※ 任务准备

猪的生物学特征
和行为学特征

一、猪的生物学特征

（一）繁殖能力强

1.性成熟早

我国本土品种猪一般在 2 ~ 3 月龄就可以达到性成熟。

2.妊娠期短

猪是常年均可发情配种的经济动物，发情很少受季节的限制。猪的妊娠期短，平均为 114 天（111 ~ 117 天），一年两胎。

3.猪的繁殖能力强

猪为多胎动物，每次发情时都可从卵巢中排放 20 ~ 30 枚卵子，每胎能生产10 ~ 15 头仔猪。

4.世代间隔短

猪的繁殖周期短，世代间隔短。在正常情况下，猪的世代间隔为 1.5 年。

（二）生长强度大，代谢旺盛

猪的生长强度大，猪的初生体重为 0.4 ~ 2.0 kg，在 6 月龄左右可达到 90 kg，因而代谢非常旺盛（图 2-1）。

（三）群居，位次明显

猪喜欢过群居生活，在群体中每头猪都有一个位次关系，这个位次是由猪的争斗力强弱决定的。

（四）灵敏的嗅觉和听觉，迟钝的视觉

猪能听到人类听不到的高频声音，并且嗅觉敏锐，食物好不好吃，它们基本不需要品尝，只要闻就知道。但猪的视力很差，近视度极高，几乎认不出颜色。

（五）猪的多相睡眠性

猪有明显的昼夜节奏，它们喜欢在白天活动，晚上休息，睡眠时间较长，通常在 $14 \sim 20$ h。

二、猪的行为学特征

（一）采食行为

猪的采食行为包括吃食行为和饮水行为。

1. 吃食行为

（1）拱地觅食　拱地觅食是猪与生俱来的一个特征，鼻子是猪高度发育的器官，在拱地觅食时，嗅觉起着决定性的作用。尽管在现代化猪舍内，猪每天被饲以良好的平衡日粮，但猪还是表现出拱地觅食的特征。吃食时，猪都力图占据饲槽的有利位置，有时将两前肢踏在饲槽中，就像野猪拱地觅食一样，以吻突沿着饲槽拱动，将饲料搅弄出来，抛撒一地。

（2）采食具有选择性　猪特别喜爱甜食，颗粒料与粉料相比，猪爱吃颗粒料（图2-2），干料与湿料相比，猪喜吃湿料。

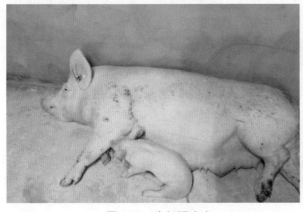

图 2-1　生长强度大　　　　　　　　图 2-2　颗粒料

（3）采食具有竞争性　猪采食时，表现出明显的竞争性（图2-3）。群饲的猪比单饲的猪吃得多、吃得快，增重也快。

（4）采食次数多　猪白天采食 $6 \sim 8$ 次，比夜间多 $1 \sim 3$ 次，每次采食持续时间 $10 \sim 20$ min，限饲时则少于 10 min。自由采食不仅采食时间长，而且能表现每头猪的嗜好和个性。仔猪每昼夜吸吮次数因日龄不同而异，一般 $15 \sim 25$ 次，占昼夜总时间的 $10\% \sim 20\%$，大猪的采食量和摄食频率随体重增加而增加。

2. 饮水行为

猪的饮水量是相当大的，仔猪初生就需要饮水，但其水分的获取主要来自母乳。

仔猪吃料时，饮水量约为干料的2倍，即料水比为1∶3。成年猪的饮水量除饲料组成外，很大程度取决于环境温度。吃混合料的猪每昼夜饮水9～10次；吃湿料时每昼夜饮水2～3次；吃干料时每次采食后需立即饮水。自由采食时通常采食与饮水交替进行，直到满意为止；限制饲喂的猪则在吃完料后才饮水。仔猪在2月龄前就可学会使用自动饮水器饮水（图2-4）。

图2-3　竞争性采食

图2-4　猪饮水行为

（二）排泄行为

猪爱清洁，不会在吃、睡的地方排泄粪尿，能保持睡窝干燥、清洁，能在猪栏内远离窝床的一个固定地点排泄粪尿。猪多在采食、饮水后或起卧时，选择阴暗、潮湿或污浊的角落排泄粪尿，且受邻近猪的影响。据观察，猪饮食后5 min左右开始排粪，多先排粪、后排尿；在饲喂前也有排泄的，但多为先排尿、后排粪。在两次饲喂的间隔时间里，猪多排尿而很少排粪，夜间一般排粪2～3次，早晨的排泄量最大。但在饲养密度过大或管理不当时，排泄行为就会混乱，使猪舍难以保持卫生，不利于猪的健康生长。

（三）性行为

猪的性行为主要包括发情、求偶和交配。母猪在发情期可出现特异的求偶表现，公猪、母猪都可出现交配前的行为。

1.母猪性行为

母猪临近发情时外阴红肿（图2-5），在行为方面表现出神经过敏；发情母猪臀部受到按压时，表现出如同接受交配的站立不动姿态，立耳品种同时把两耳竖立后贴，称为"静立反射"；性欲高度强烈时期（图2-6），当公猪接近时，母猪会将其臀部靠近公猪，最后站立不动，接受公猪爬跨，接受交配的时间大约为48 h（38～60 h），接受交配的次数为3～22次。

2.公猪性行为

公猪会追逐母猪，嗅母猪的体侧、肤部、外阴部（图2-7），把嘴插到母猪两后腿之间，突然往上拱动母猪的臀部，磨牙并形成唾液泡沫，时常发出低而有节奏的喉音哼声，射精时间为3～20 min（图2-8）。

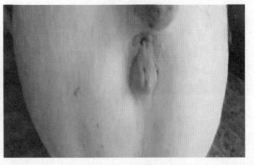

图 2-5 发情高潮期　　　　　　图 2-6 适配期

图 2-7 嗅闻母猪　　　　　　　图 2-8 爬跨母猪

3. 母性行为

母性行为主要是指分娩前后母猪的一系列行为，如絮窝、哺乳及抚育和保护仔猪等。

（1）絮窝　母猪在分娩前 1～2 d 通常会衔取干草或树叶等造窝的材料，若栏内是水泥地面而无垫草，则表现出用蹄子扒地等行为。

（2）分娩（图 2-9）　分娩前 24 h，母猪通常表现出神情不安、频频排尿、摇尾、拱地、时起时卧、不断改变姿势等行为。母猪分娩过程 3～4 h，多见夜间产仔，经产母猪比初产母猪分娩快。

（3）哺乳（图 2-10）　母猪分娩后以充分暴露乳房的姿势躺卧，使仔猪挨着母猪乳房躺下，方便哺乳。

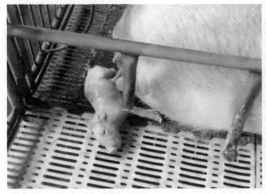
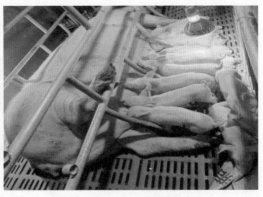

图 2-9 分娩　　　　　　　　　图 2-10 哺乳

图 2-11　抚育

（4）抚育（图 2-11）　母猪和仔猪之间是通过嗅觉、听觉和视觉来相互识别和联系的。在实行代哺或寄养时，最有效的办法是在外来仔猪身上涂抹寄养母猪的尿液或分泌物，或者把它同寄养母猪所生的仔猪混在一起，以改变其体味。

※ 任务实施

观察和记录猪的生物学特征和行为学特征

1. 目标

了解和掌握猪在生产上比较重要的生物学特征和行为学特征，为生产、科研服务。

2. 材料

猪群、猪的生物学特征和行为学特征观察记录表、计时器、猪行为学特征的教学光盘等。

3. 场地

实验猪场。

4. 操作步骤

（1）在猪场里选定一头猪或一群猪作为观察对象。

（2）在不同的时间区段内观察猪的行为变化和各种生活习性表现并记录。

（3）分别连续观察不同年龄阶段和不同生理阶段的猪或观看猪行为学特征影像资料并记录。

※ 任务评价

"观察和记录猪的生物学特征和行为学特征"考核评价表

考核内容	考核要点	得分	备注
在猪场里选定一头猪或一群猪，观察猪的行为变化和生活习性表现（30分）	1. 特定个体的生物学特征记录（15分） 2. 特定个体的行为学特征记录（15分）		
在不同的时间区段内观察猪的行为变化和各生活习性的表现（30分）	1. 不同时间段猪的生物学特征记录（15分） 2. 不同时间段猪的行为学特征记录（15分）		
分别连续观察不同年龄阶段和不同生理阶段的猪或观看影像资料（30分）	1. 不同年龄阶段猪的行为学特征记录（15分） 2. 不同生理阶段猪的行为学特征记录（15分）		
完成调查报告（10分）	总结要点，完成调查报告（10分）		
总分			
评定等级	□优秀（90～100分）；□良好（80～89分）；□一般（60～79分）		

任务反思

1. 猪的生物学特征要点有哪些？

2. 猪的行为学特征要点有哪些？

3. 在猪的饲养管理过程中，如何利用猪的生物学特征和行为学特征？

| 任务二　猪品种的识别 |

任务描述

播放一个通过地方猪品种开发与保护促进地方经济发展的短视频；以小组为单位学习收集的猪品种图片，组与组交替检查其归类。

任务目标

知识目标：

能说出不同猪品种的差异。

技能目标：

能识别猪的品种。

※ 任务准备

一、猪品种分类

我国饲养的猪品种可归纳为三大类：优良地方品种、新培育品种和引入品种（表2-1）。

猪品种的识别

表2-1　猪品种分类

大类	类型	分布/特点	代表品种
优良地方品种	东北型	主要分布于淮河、秦岭以北地区； 优点是繁殖力强，抗逆力强；缺点是生长速度慢，后腿欠丰满	民猪、大八眉猪、黄淮海黑猪等
	华南型	主要分布于我国南部和西南部边缘地区； 优点是早期生长快，易肥，骨骼细，屠宰率高；缺点是抗逆力弱，脂肪多	滇南小耳猪、两广小花猪、槐猪和海南猪等
	华中型	主要分布于长江流域和珠江流域的广大地区； 优点是骨骼较细，早熟易肥，肉质优良；缺点是肉质疏松，体质较弱	金华猪、宁乡猪、广东大花白猪和中华两头乌猪等

续表

大类	类型	分布/特点	代表品种
优良地方品种	江海型	主要分布于汉水和长江中下游沿岸以及东南沿海地区；最大优点是繁殖力极强；缺点是皮厚，体质不强	虹桥猪和桃园猪等
	西南型	主要分布于四川盆地和云贵高原以及湘鄂的西部；该类型猪的屠宰率和繁殖力略低	内江猪、荣昌猪、乌金猪、关岭猪和湖川猪等
	高原型	主要分布于青藏高原；该类型猪的个体很小，形似野猪。其优点是抗逆力极好，放牧能力也极强；缺点是生长速度慢，繁殖力低	藏猪
新培育品种	大白型	主要受大约克夏猪、长白猪和苏联白猪血统的影响，特点是被毛全白，头较长直，颜面和额部平滑少皱，耳大小适中，多向前外倾。背腰平直，腹大不垂，后腿丰满。繁殖力高于引入品种和中黑型品种，可作为杂交母本或父本	三江白猪、冀合白猪、哈尔滨白猪
	中黑型	主要受巴克夏猪和我国其他本地黑猪的血统影响，特点是被毛全黑，或在体端有"六点白"或不完全"六点白"。头较大白型猪粗重，颜面多有皱纹，嘴筒短，耳中等大小略向前外倾。背腰宽广，胸深，腹大不垂。繁殖力和日增重略低于大白型猪，是较好的配套母系品种	北京黑猪
	花型	主要受克米洛夫猪和波中猪的血统影响，特点是被毛为黑白花，体型中等，许多品种的体型和性状介于大白型和中黑型之间。优点是繁殖性能好，生长速度快，胴体瘦肉率高，适应性强；缺点是腿臀丰满度不够，早期生长速度慢	山西瘦肉型猪SD-Ⅰ系
引入品种	—	从国外引入大约克夏猪、巴克夏猪、苏联白猪、克米洛夫猪、长白猪、杜洛克猪、汉普夏猪、皮特兰猪和迪卡猪等。我国引入的国外品种猪主要是作为杂交用父本，具有以下优点：一是生长速度快，在一般饲养管理条件下，20～90 kg阶段的日增重可达550～700 g；二是胴体瘦肉率高，在合理的饲养条件下，90 kg时屠宰，其胴体瘦肉率可达55%～62%；三是屠宰率高，体重达90 kg时屠宰，其屠宰率可达70%～75%。缺点是：繁殖性能低于我国地方品种，母猪的发情不明显，肌纤维较粗	—

二、猪品种分类代表

（一）部分优良地方猪的代表品种

1.太湖猪

（1）产地和分布　太湖猪主要分布于长江下游，江苏省、浙江省和上海市交界的太湖流域。太湖猪被我国许多省份引进，并输出到阿尔巴尼亚、法国、泰国及匈牙利等国。按照体型外貌和性能上的差异，太湖猪可以划分成几个地方类群，即二花脸、梅山、枫泾、嘉兴黑、横泾、米猪和沙乌头等。

（2）品种特征　太湖猪的体型中等，各个类群之间有差异，以梅山猪较大，骨骼粗壮；米猪的骨骼比较细；二花脸猪、枫泾猪、横泾猪和嘉兴黑猪介于二者之间；沙乌头猪体质比较紧凑。太湖猪的头大，额宽，额部皱褶多、深；耳大、软而下垂，耳尖和口裂齐或超过口裂，扇形；全身被毛为黑色或青灰色，毛稀疏，毛丛密但间距大；腹部的皮肤多为紫红色，也有鼻端白色或尾尖白色的，梅山猪的四肢末端为白色；乳头 8 ~ 9 对，如图 2-12 所示。

图 2-12 太湖猪

（3）利用前景 太湖猪是目前世界上繁殖力、产仔力最强的品种，其分布广泛，品种内结构丰富，遗传基础多，肉质好，是一个不可多得的品种。太湖猪和长白猪、大约克夏猪、苏联白猪进行杂交，其一代杂种的日增重、胴体瘦肉率、饲料利用率、仔猪初生体重均有较大的提高，产仔数略有下降，平均窝产仔数减少 0.96 头。在太湖猪内部各个种群之间进行交配也可以产生一定的杂交优势。今后太湖猪应该加强选择，不断提高其胴体瘦肉率，加快日增重的速度。

2. 金华猪

（1）产地和分布 金华猪原产于浙江省东阳市、义乌市等地，主要分布于东阳、浦江、义乌、永康及武义等地。我国许多省份都引进有金华猪。

图 2-13 金华猪

（2）品种特征 金华猪体型中等偏小；耳中等大小、下垂；额部有皱褶；颈短粗；背腰微凹，腹大微下垂；四肢细短，蹄呈玉色，蹄质结实；毛色呈体躯中间白、两端黑的"两头乌"特征；乳头 8 对以上，如图 2-13 所示。

（3）利用前景 金华猪是一个优良的地方品种。其性成熟早、繁殖力强、皮薄骨细、肉质优良，可作为杂交用亲本。常见的组合有：长金组合、苏金组合、约金组合、长约金组合、长苏金组合、苏约金组合及大长金组合等。今后金华猪应该加强选育，重点提高其瘦肉率，不断完善杂交繁育体系。

3. 内江猪

（1）产地和分布 内江猪主要产于四川省内江市，以内江市东兴区一带为中心产区。内江猪被我国的许多省市引进，并向一些国家输出。

（2）品种特征 内江猪体型大，体质疏松；头大，嘴筒短，额部有成沟状的横纹，额皮中部隆起成块；耳中等大小、下垂；体躯深宽，背腰微凹，腹大不拖地，四肢粗壮，皮厚；成年种猪的体侧或后腿有很深的皱褶；被毛黑色；乳头粗大，6 ~ 7 对，如图 2-14 所示。

图 2-14 内江猪

（3）利用前景　内江猪对外界的刺激反应迟钝，忍受力强；和其他猪的杂交配合力强，我国许多省份引进它作为杂交用亲本。常见的杂交组合有：内民组合、内乌金组合、内藏组合、内北组合、内新组合、长内组合及约内组合等。今后对内江猪应该进一步加强选育，逐渐改善皮厚、屠宰率低等缺点。

4. 香猪

（1）产地和分布　香猪主要产于贵州省从江县的宰便、加鸠，广西环江毛南族自治县的东兴等地；主要分布于黔、桂交界的榕江、荔波及融水等地。

图 2-15　香猪

（2）品种特征　香猪体躯矮小，头较直；耳小而薄，略向两侧平伸或稍向下垂；背腰宽而微凹，腹大丰圆而触地，后躯较丰满，四肢细短，后肢多为卧系；皮薄肉细；被毛多为全身黑色，也有白色，"六白"，不完全"六白"或两头乌的颜色；乳头 5 ~ 6 对，如图 2-15 所示。

（3）利用前景　香猪的体型小，经济早熟，胴体瘦肉率较高，肉嫩味鲜，可以早期宰食，也可加工利用。今后应该加强选育，进一步纯化，向实验型、乳用型方向发展。

5. 荣昌猪

（1）产地和分布　荣昌猪主要产于重庆市荣昌区和四川省隆昌市，分布在重庆的永川、大足、铜梁及四川的泸县、合江、纳溪等地，并推广到了云南、陕西、湖北、安徽、浙江、北京、天津、辽宁等 20 多个省市。

（2）品种特征　体型较大，结构匀称；鬃毛洁白、稀、粗长、刚韧；头大小适中，面微凹，额面皱纹横行，有旋毛；耳中等大小，下垂；身躯较长，发育匀称，背腰微凹，腹大而深，臀部稍倾斜，四肢细、坚实；乳头 6 ~ 7 对；除两眼四周或头部有大小不等的黑斑外，其余均为白色；少数在尾根及体躯出现黑斑。按毛色特征分别称为"金架眼""黑眼膛""黑头""两头黑"，"飞花"和"洋眼"等。其中"黑眼膛"和"黑头"约占一半以上，如图 2-16 所示。

图 2-16　荣昌猪

（3）利用前景　荣昌猪具有耐粗饲、适应性强、肉质好、瘦肉率较高、配合力好、鬃质优良、遗传性能稳定等特点。

（二）部分新培育品种猪代表

1. 三江白猪

（1）产地和分布　三江白猪主要产于黑龙江省东部合江地区的红兴隆管理局，主要分布于所属农场及其附近的市、县养猪场，是我国在特定条件下培育出来的国内第一个肉用型猪新品种。

图2-17　三江白猪

（2）品种特征　三江白猪头轻嘴直，两耳下垂或稍前倾；背腰平直，腿臀丰满；四肢粗壮，蹄质坚实；被毛全白，毛丛稍密；乳头7对，如图2-17所示。

（3）利用前景　三江白猪与国外引入品种和国内培育品种以及地方品种都有很高的杂交配合力，是肉猪生产中常用的亲本品种之一。在日增重方面以三江白猪为父本，以大约克夏、苏联大白猪为母本的杂交组合杂交优势尤其明显。在饲料利用率方面，以三江白猪与大约克夏组合的杂交优势尤其明显。在胴体瘦肉率方面，以杜洛克猪与三江白猪组合的杂交优势最为明显。

2.冀合白猪

（1）产地和分布　冀合白猪是"河北省瘦肉猪配套系"研究项目经过8年时间完成的研究成果，是我国首次育成的采用瘦肉型猪专门化品系生产优质商品猪的配套系杂优猪，已推广到河北省及其周边地区。

图2-18　冀合白猪

（2）品种特征　A系全身白色，耳直立，中等大小；背腰宽厚，平直或微弓；后躯丰满，四肢粗壮结实；腹部紧凑，乳头7对。B系与A系相比耳稍大，前伸；前躯较轻，后躯丰满，外观呈楔形，乳头7～8对。C系呈现典型汉普夏猪的特征，父母代全身白色，体型介于A、B两系之间，乳头7～8对。商品代被毛白色，皮肤偶尔有黑斑，体型丰满，背腰微弓，后躯体发达，如图2-18所示。

（3）利用前景　冀合白猪是在生产条件下，使用常规饲料育成的，育种材料有着广泛的分布，所以对饲料条件、饲养技术、气候条件没有特殊的要求，在一般条件下就能发挥其正常的生产水平。

冀合白猪采用三系配套杂交生产，需要建立完善的杂交繁育体系，运用典型配套模式才能发挥其生产潜力。

3.北京黑猪

（1）产地和分布　北京黑猪属于肉用型的配套母系品种猪。北京黑猪的中心产区是北京市北郊农场和双桥农场，分布于北京的昌平、顺义、通州等京郊的各区、县，并向河北、山西、河南等25个省份输出。现品种内有两个选择方向：为增加繁殖性能而设置的"多产系"和为提高瘦肉率而设置的"体长系"。

图 2-19　北京黑猪

（2）品种特征　北京黑猪被毛全黑、体型中等、结构匀称；头中等大小，面微凹，嘴中长，耳直立、微前倾；颈肩结合良好，背腰平直，腹部不下垂；后躯发育良好，四肢结实健壮；尾根高，尾直立下垂，如图 2-19 所示。

（3）利用前景　北京黑猪在猪的杂交繁育体系中占有广泛的优势，是一个较好的配套母系品种，与大约克夏猪、长白猪或苏联大白猪进行杂交，可获得较好的杂交优势。杂种一代猪的日增重在 650 g 以上。今后应继续提高北京黑猪的肉质，增强配合力和繁殖力。

4.上海白猪

（1）产地与分布　上海白猪产于上海市近郊的闵行区和宝山区，已推广到上海市的南汇、奉贤、嘉定、川沙、金山及松江等地，属肉脂兼用型的品种猪。品种内可以划分为 3 个品系：上系、农系、宝系。我国南方一些市县有引进。

（2）品种特征　上海白猪体型中等，体质结实；被毛为白色；面部平或略有凹；耳中等大小，略向前倾；背腰平直，体躯较长；乳头 7 对以上。上海白猪有 3 个系：上系的体型较小，头和体躯较宽短；农系的体型较高大，头和体躯较狭窄；宝系的体型介于二者之间，如图 2-20 所示。

图 2-20　上海白猪

（3）利用前景　上海白猪的 3 个品系有各自的特点：①上系早熟，生长快；②农系产仔多，瘦肉率高；③宝系饲料利用率高。总的说来，上海白猪具有产仔多、生长快、屠宰率高、瘦肉率高、皮质优良及适应性强等优点，是商品瘦肉型猪和优质皮革料猪的优良杂交亲本。

（三）部分引入品种猪代表

1.长白猪

（1）引进简况　长白猪原产于丹麦，原名兰德瑞斯猪。长白猪是当今世界上最为流行的猪品种之一，是著名的瘦肉型品种猪，世界各国几乎都有引进和饲养。引入我国后，由于其体躯长，毛色全白，故称其为长白猪。

我国饲养的长白猪来自 6 个国家：瑞典、英国、荷兰、法国、日本和丹麦。20 世纪 60 年代引进的长白猪经过几十年的驯化，体型由清秀趋于疏松，体质由纤弱趋于粗壮。长白猪引进初期，往往因猪蹄部损伤而发生猪的四肢病，现在这种情况明显减少，猪的蹄质坚实、光滑。长白猪的引进对我国本地猪的改良，提高我国养猪生产率都起到了相当大的作用。

（2）品种特征　长白猪的颜面直，耳大、耳穴向下覆盖颜面；颈部、肩部较轻，背腰长直，体侧长深，腹开张良好但不垂，腹线平直；腿臀丰满，蹄质结实；全身被毛为白色，毛浓，皮肤薄，骨细结实；乳头6~7对，如图2-21所示。

图2-21　长白猪

（3）利用前景　长白猪作为一个优良的瘦肉型品种猪，在改良我国本地品种猪，提高我国养猪劳动生产率方面起到了积极的作用。同时，长白猪的引进对我国培育新的猪品种也起到了重大作用。我国各地根据自身的实际情况，因地制宜地开展了以长白猪为父本的二元或三元杂交工作，常见的优良组合有：长北组合、长民组合、长芦白组合、长吉林黑组合、长大北组合、杜长上海白组合、杜长广西白组合、杜长新疆白组合、长大太组合及长荣组合等。今后应该加强长白猪适应性的选择，选育出适合我国国情的长白猪。

2.大约克夏猪

（1）引进简况　大约克夏猪又称为大白猪，原产于英国的约克郡。约克夏猪在1852年正式确定为品种，之后又逐渐分化成大、中、小3种类型，并各自形成独立的品种，分别称为大约克夏猪（大白猪）、中约克夏猪（中白猪）、小约克夏猪（小白猪）。大约克夏猪属于瘦肉型品种猪，中约克夏猪属于兼用型品种猪，小约克夏猪属于脂肪型品种猪。

图2-22　大白猪

（2）品种特征　大约克夏猪的体格较大，体型匀称；颜面宽，略带凹；鼻直、耳立；四肢高大，背腰略呈流线型；皮毛全白，有时在少数猪的额部皮上有一很小的青斑；乳头数在7对以上，如图2-22所示。在饲养条件较差的地区，大约克夏猪的体型变小，腹围增大。

（3）利用前景　根据我国各地的报道，利用大约克夏猪作为父本与我国的本地猪品种进行杂交，都能取得良好的效果。大约克夏猪与民猪、荣昌猪、内江猪、两头乌猪及大花白猪等杂交，杂种一代的日增重比其母本提高20%以上。与太湖猪正反杂交的统计表明：产仔数的杂交优势率为5.4%，断乳窝重的杂交优势率为21.7%，20~90 kg期间在日增重方面的杂交优势率为17.4%。"长太"组合的瘦肉率为62.66%，眼肌面积为36.01 cm^2。

3.杜洛克猪

（1）引进简况　杜洛克猪原产于美国，原名杜洛克·泽西猪，是美国目前分布最广的品种，也是当今世界上较为流行的猪品种之一。

杜洛克猪原是一个脂肪型的品种猪，到20世纪50年代后才逐步向肉用型方向发展。我国20世纪40年代就引进了尚属脂肪型的杜洛克猪，70年代以后，我国又大量引进了肉用型的杜洛克猪。

图2-23 杜洛克猪

（2）品种特征 杜洛克猪颜面微凹，耳中等大小，为半垂耳；体躯深广，背腰平直、较宽，肌肉丰满，四肢粗长；毛色为红棕色，深浅不一，从枯草黄色到暗红色；乳头6对左右，如图2-23所示。

（3）利用前景 杜洛克猪的适应性强，对饲料的要求低，食欲好，耐低温，对高温的耐受性差，所以各地应该根据本地的实际情况安排饲养。

利用杜洛克猪作父本，进行杂交生产商品肉猪，能大幅度地提高商品代猪的胴体瘦肉率。常用的组合有：杜三江白组合、杜湖北白组合、杜上海白组合、杜长太组合、杜长上组合及杜长北组合等。杜洛克猪与我国本地猪杂交，其一代的毛色多为黑色，再加之产仔数偏少、早期生长速度慢、母猪在产仔35 d以后泌乳量剧减等因素，一般于三元杂交中作第二父本用。

4. 皮特兰猪

（1）引进简况 皮特兰猪原产于比利时的布拉班特地区，是欧洲近年来比较流行的一个瘦肉型品种猪。皮特兰猪于1950年被确定为新品种，进行了品种登记，是由比利时的土种黑白斑猪与法国的贝叶猪杂交，再与泰姆沃斯猪杂交后选育而得。我国从20世纪80年代开始引进皮特兰猪，其分布量和饲养量还不是很多。

（2）品种特征 皮特兰猪的毛色大多呈现灰白花色，或是大块的黑白花色；耳中等大小，略向前倾；背腰宽大，平直，体躯短；腿臀丰满，方臀；全身的肌肉丰满，皮特兰猪的体型呈圆桶形，如图2-24所示。

（3）利用前景 皮特兰猪胴体瘦肉率极高，背膘薄。用皮特兰猪作父本与

图2-24 皮特兰猪

其他品种猪进行杂交，猪胴体瘦肉率得到明显的提高。由于皮特兰猪的引进时间较短，加之其有较高的应激性，当前对它的利用还不是很普遍。应该注意的是，皮特兰猪在90 kg以后生长速度变慢；纯种皮特兰猪的肌肉纤维较粗，肉质不佳，有待进一步改进。

5. 汉普夏猪

（1）引进简况 汉普夏猪原产于美国，是北美分布较广的品种。由于该猪的肩部及其前肢为一白色的被毛环所覆盖，故又称"白带猪"。

（2）品种特征 汉普夏猪的嘴筒长直，耳中等大小且直立；体型较大，体躯较长，四肢稍短而健壮；背腰微弓，较宽；腿臀丰满；毛色为黑色，在猪体的肩部、前肢有一个白色的毛环；乳头6对以上，排列整齐，如图2-25所示。

图2-25 汉普夏猪

（3）利用前景 汉普夏猪突出的优点是眼肌面积大，瘦肉率高，为其良好的胴体品质奠定了基础；不足之处在于繁殖力偏低。为此，汉普夏猪应作为杂交用的父本（特别是终端父本）加以利用。国内常见的杂交组合有：汉太组合、汉桃组合、汉梅组合及汉长华组合等。

※ 任务实施

识别猪品种

1.目标

认识猪的品种，掌握常见猪品种的特征。

2.材料

图片、挂图、视频、笔、纸。

3.场地

现代化猪场。

4.操作步骤

（1）参观规模化猪场，了解猪场所养猪的品种；

（2）观看猪品种介绍图片、视频；

（3）小组内交流猪的品种特点并归纳。

※ 任务评价

"识别猪品种"考核评价表

考核内容	考核要点	得分	备注
参观规模化猪场，了解猪场所养猪的品种（30分）	1.参观猪场，听取、记录关于猪种和品种特点的介绍（15分） 2.总结概括规模化猪场猪的品种（15分）		
观看或查阅猪品种介绍图片、视频（30分）	1.自主探究猪品种（15分） 2.总结猪品种特点（15分）		
小组内交流猪的品种特点并归纳（30分）	组内展示、讨论，合作总结猪种和品种特点（30分）		

续表

考核内容	考核要点	得分	备注
完成猪品种调查报告（10分）	总结要点，完成调查报告（10分）		
总分			
评定等级	□优秀（90～100分）；□良好（80～89分）；□一般（60～79分）		

？ 任务反思

列举猪的代表品种，填于下表。

类别	列举代表品种
优良地方品种猪代表	
新培育品种猪代表	
引进品种猪代表	

任务三　猪的杂交与选配

✎ 任务描述

俗话讲"母猪好，好一窝；公猪好，好一坡"。可见，遗传上有差异的不同品种或培育的不同专门化品系之间进行杂交，具有明显的杂种优势。分组调查附近猪场的杂交与选配情况，观察记录杂交效果，总结杂交的优点。

📖 任务目标

知识目标：

1.能说出猪的杂交模式；

2.能说出不同阶段种猪选择的方法；

3.能说出种猪的选配方法。

技能目标：

1.会建立猪杂交模式；

2.会选择不同阶段的种猪；

3.会进行猪的选配。

猪的杂交与选配

※ 任务准备

一、杂交和杂种优势的概念

（一）杂交

杂交是指不同品种、品系或品群间的相互交配。

（二）杂种优势

不同品种、品系或品群间杂交所产生的杂种后代，往往在生活力、生长势和生产性能等方面优于其亲本纯繁群体。杂种后代性状的平均表型值超过杂交亲本性状的平均表型值，这种现象称为杂种优势。

二、猪杂交模式的建立

（一）两品种经济杂交

两品种经济杂交又叫二元杂交（图 2-26），是用两个不同品种的公母猪进行一次杂交，其一代杂种全部用于育肥生产商品肉猪。两品种经济杂交简单易行，只要购进父本品种即可杂交，目前已在农村推广应用。但这种杂交的缺点是没有利用繁殖性能的杂种优势，仅利用了生长育肥性能和胴体性能的杂种优势。

我国二元杂交主要以引入品种或我国培育品种作父本与本地品种或培育品种作母本进行杂交，杂交效果好，值得广泛推行。如 20 世纪 80 年代以杜洛克猪为父本与三江白猪杂交，所得杂种日增重为 629 g，饲料转化率为 3.28，瘦肉率达 62%。

（二）三品种经济杂交

三品种经济杂交又称三元杂交（图 2-27），即先利用两个品种的猪杂交，从杂种一代中挑选优良母猪，再与第二父本品种杂交，二代所有杂种用于育肥生产商品肉猪。

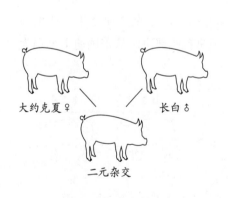

图 2-26　二元杂交示意图

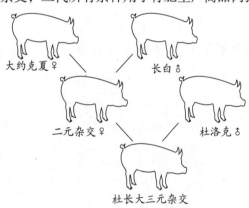

图 2-27　三元杂交示意图

三元杂交中，母本常用地方品种或培育品种，两个父本常用引入的优良瘦肉型品种。为了提高经济效益和增加市场竞争力，可把母本猪确定为引入的优良瘦肉型猪，也就是全部用引入的优良猪种进行三元杂交，效果更好。目前，在国内从南方到北方的大多数规模化养猪场，普遍采用杜长大三元杂交方式，获得的杂交猪具有良好的生产性能，尤其产肉性能突出，非常受市场欢迎。

（三）轮回杂交

轮回杂交是在杂交过程中，逐代选留优秀的杂种母猪作母本，每代用组成亲本的各品种公猪轮流作父本的杂交方式。常用的轮回杂交方法有两品种轮回杂交（图2-28）和三品种轮回杂交。

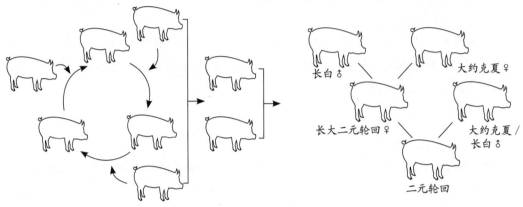

图 2-28　轮回杂交

利用轮回杂交可减少纯种公猪的饲养量，降低养猪成本；可利用各代杂种母猪的杂种优势来提高生产性能，因此不一定保留纯种母猪繁殖群；可不断保持各子代的杂种优势，获得持续而稳定的经济效益。

（四）配套杂交

配套杂交又称为品系（图2-29），是采用几个品种或品系，先分别进行两两杂交，然后在杂交一代中分别选出优良的父、母本猪，再进行品种杂交，可同时利用杂种公、母猪双方的杂种优势，获得较强的杂种优势和效益。

目前，国外所推行的"杂优猪"大多数由4个专门化品系杂交而产生。如美国的"迪卡配套系"，英国的"PIC配套系"等。1991年原农业部决定从美国迪卡公司为北

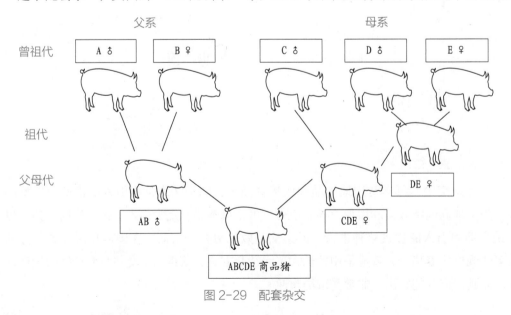

图 2-29　配套杂交

京养猪育种中心引入 360 头迪卡配套系种猪，其中原种猪有 A、B、C、E、F 5 个专门化品系，其实质是由当代世界优秀的杜洛克猪、汉普夏猪、大白猪、长白猪等种猪组成。在此模式中 A、B、C、E、F 5 个专门化品系为曾祖代（GGP）；A、B、C、E 和 F 正反交产生的 D 系为祖代（GP）；A 公猪和 B 母猪生产的 AB 公猪，C 公猪和 D 母猪生产的 CD 母猪为父母代（CPS）；最后 AB 公猪与 CD 母猪生产 ABCD 商品猪上市。

三、杂交亲本的选用

（一）杂交亲本选用原则

①亲本应当是高产、优良、血统纯的品种。

②杂交亲本遗传差异越大，血缘关系越远，其杂交后代的杂种优势越强。

③杂交亲本个体一般选择日增重大、瘦肉率高、生长快、饲料转化率高、繁殖性能较好的品种作为杂交第一父本，母本常选择数量多、分布广、繁殖力强、泌乳力高、适应性强的地方品种、培育品种或引进繁殖性能高的品种。

④在确定杂交组合时，应选择遗传性生产水平高的品种作亲本。

如果亲本猪群缺乏优良基因或纯度很差，或在主要性状上两亲本猪群起作用的基因显性效应与上位性效应都很小，或两亲本在主要经济性状上基因频率没有多大差异或缺乏充分发挥杂种优势的良好饲养管理条件等，均不可能产生理想的杂种优势。

（二）选用适宜的杂交亲本

①杂交亲本应当是高产、优良、血统纯的品种。

提高杂种优势的根本途径是提高杂交亲本的纯度，无论父本还是母本，在一定范围内，亲本越纯经济杂交效果越好，越能使杂种表现出较高的杂种优势，产生的杂种群体越整齐一致。亲本纯到一定界限就使新陈代谢的同化和异化过程速度减慢，因而生活力下降，这种表现称为新陈代谢负反馈作用。具有新陈代谢负反馈作用的高纯度个体，在与有遗传差异的品种杂交后，两性生殖细胞彼此获得新的物质，促使新陈代谢负反馈抑制作用解除，而产生新陈代谢正反馈的促进作用；促使新陈代谢同化和异化作用加快，从而提高生活力和杂种优势。为了提高杂交亲本的纯度，需要进行制种工作。亲缘交配（五代以内有亲缘关系的个体间交配）的后代具有很高的纯度。尤其是用作经济杂交的公猪，必须是嫡亲交配所生才能充分发挥巨大的杂种优势。

②杂交亲本遗传差异越大，血缘关系越远，其杂交后代的杂种优势越强。

在选择和确定杂交组合时，应当选择那些遗传性和经济类型差异比较大的，产地距离较远的和起源方面无相同关系的品种作杂交亲本。如用引进的猪种与本地（育成）猪种杂交或用肉用型猪与兼用型猪杂交，一般能得到较好的结果。

③杂交亲本个体一般选择日增重大、瘦肉率高、生长快、饲料转化率高、繁殖性能较好的品种作为杂交第一父本，而第二父本或终端父本的选择应重点考虑生长速度和胴体品质。例如，第一父本常选择大白猪和长白猪，第二父本常选择杜洛克猪。母本常选择数量多、分布广、繁殖力强、泌乳力高、适应性强的地方品种、培育品种或引入繁殖

性能高的品种。

④在确定杂交组合时，应选择遗传性生产水平高的品种作为亲本，杂交后代的生产水平才能提高。

猪的某些性状，如外形结构、胴体品质不太容易受环境的影响，能够相对稳定地遗传给后代，这类性状称为遗传力高的性状，遗传力高的性状不容易获得杂种优势。有的性状，如产仔数、泌乳力、初生重和断奶窝重等，容易随饲养管理条件的优劣而提高或降低，不易稳定地遗传给后代，这类性状称为遗传力低的性状，遗传力低的性状易表现出杂种优势。对于遗传力低的性状，通过杂交和改善饲养管理条件就能得到满意的效果。生长速度和饲料利用率等属于遗传力中等的性状，杂交时所表现的杂种优势也是中等。

（三）培养专门化品系与杂优猪

1.专门化品系的概念

专门化品系是指按照育种目标分化选择具备某方面突出优点，配置在完整繁育体系内不同阶层的指定位置，承担专门任务的品系。分化选择一般分为父系和母系。在进行选择时，把繁殖性状作为母系的主选性状，把生长性状、胴体性状作为父系的主选性状。

2.专门化品系的选择方法

（1）系祖建系法　通过选定系祖，并以系祖为中心繁殖亲缘群，经过连续几代的繁育，形成与系祖有亲缘关系、性能与系祖相似的高产品系群。用这种方法建立品系，关键是选好系祖，要求系祖不但具有优良的表现型，而且具有优良的基因型，并能将优良性状稳定地遗传给后代。系祖一般为公猪，因为公猪的后代数量多，可进行精选。

（2）近交建系法　利用高度近交使优良基因迅速纯合，形成性能优良的品系群。由于高度近交会使性能衰退明显，需要付出很大代价，并且猪的近交系杂交效果不如鸡明显，因此，现代猪的育种已很少采用这种方法建系。

（3）群体继代选育法　该法是选择多个血统的基础群，之后进行闭锁繁育，使猪群的优良性状迅速集中，并成为群体所共有的遗传性稳定的性状，培育出符合品系标准的种猪群。群体继代选育法使建系的速度加快，并且建成的品系规模较大，优良性状在后代中集中，最终使其品质超过它的任何一个祖先，因此已成为现代育种实践中常用的品系繁育方法。

3.杂优猪

我国由专门化品系配套繁育生产的系间杂种后裔称为杂优猪，以区别于一般品种杂交的杂种猪。杂优猪具有表现型一致化和高度稳定的杂种优势，适应"全进全出"的生产方式。

四、不同阶段种猪的选择

（一）断奶时期种猪选择

不同的猪场采用不同的选择方法，该时期的选择主要采用个体选择和系谱选择。

1. 个体选择

根据猪本身的外形和性状的表型值进行的选择。这种选种方法不仅简单易行，而且无论正反方向选择，都能取得明显的遗传进展，主要用于个体的外形评定、生长发育和生产性能的测定。因为只是对表型值进行选择，所以个体选择效果的好坏与被选择性状的遗传力关系极为密切。只有遗传力高的性状，个体选择才能取得良好效果；遗传力低的性状如果进行个体表型值选择，收效甚微。

2. 系谱选择

根据个体的双亲以及其他有亲缘关系的祖先的表型值进行的选择。系谱选择的效率并不是很高。因为个体亲本或祖先很多性状的表型与后代的表型之间相关性并不是很大，尤其是亲缘关系较远的祖先，其可参考性就更小。但系谱选择在选择遗传可能性，特别是在判断是否为有害基因携带者方面效果良好。仔猪断奶阶段选种是根据亲代的种用价值，同窝仔猪的整齐程度，个体的生长发育、体质外形和有无遗传缺陷等进行窝选。

根据亲代性能选择虽不及根据后备种猪本身选择的准确性高，但在断奶阶段仔猪本身尚未表现出生产性能，因此其亲代生产性能的好坏，可以在一定程度上反映仔猪遗传品质的优劣。所以，亲代的生产成绩是断奶阶段选择后备种猪的重要依据。具体的措施是：将不同窝仔猪的系谱资料进行比较，在双亲性能优异的窝中选留，甚至还可以全窝（必须淘汰少数发育不良的个体）留种。

断奶时留种选择的主要依据是个体的生长发育状况和外貌。具体要求是在同窝仔猪中，将断奶时体重大、身腰较长、体格健壮、发育良好、生殖器官正常、乳头 6 ~ 7 对以上且排列均匀的仔猪留种。

（二）4 月龄阶段种猪选择

该时期的种猪选择主要根据个体表型进行，以个体的生长发育状况和外形为依据（图 2-30、图 2-31），主要目的在于淘汰发育不良的个体，以避免饲养过多后备种猪，增加经济负担。

图 2-30　4 月龄猪外形匀称　　　　图 2-31　4 月龄猪生殖器发育正常

（三）6 月龄阶段种猪选择

6 月龄是猪生长发育的转折点，本阶段生长发育状况与肥育性能的关系较大，因此它是选种的重要阶段。该时期的选种要综合考察、严格淘汰。除了以本身性能和外形表现为依据外，这个时期的选种还应采用同胞选择和综合指数选择。

1.同胞选择

同胞选择是根据全同胞或半同胞的某性状平均表型值进行选种的方法。这种选择方法能够在被选个体留作种用之前，根据其全同胞的肥育性状和胴体品质作出判断，缩短了世代间隔。对于一些不能从公猪本身测得的性状，如产仔数、泌乳力等，可借助全同胞或半同胞姐妹的成绩作为选种的依据。

2.综合指数选择

综合指数选择是将多个性状的表型值综合成一个使个体间可以相互比较的选择指数，然后根据选择指数进行选种的方法。这种选择方法比较全面地考虑了各种遗传因素和环境因素，同时也考虑了育种效益问题，因此，能较全面地反映一头种猪的种用价值，指数制订也较为简单，选择可以一次完成。

6月龄阶段选留个体必须符合品种特征的要求，即结构匀称、身体各部位发育良好、体躯长、四肢强健、体质结实，背腰结合良好、腿臀丰满、健康、无传染病；性征表现明显，公猪还要求性机能旺盛，睾丸发育匀称，母猪要求阴户和乳头发育良好（图2-32）。

（四）配种阶段种猪选择

后备种猪一般在8月龄左右配种，此时淘汰的对象主要是生长发育慢而达不到选育指标的个体以及因有繁殖疾病不能作种用的个体（图2-33）。

图2-32　6月龄猪——阴户良好　　　　　　图2-33　配种阶段选种

（五）初产母猪和初配公猪的选择

1.初产母猪的选择

初产母猪的选择主要依据个体本身繁殖力的高低（图2-34）。首先将其所产仔猪中有畸形、脐疝、隐睾等遗传疾病及毛色、耳型等不符合育种要求的种猪淘汰，然后按母猪初产的繁殖成绩选择。

生产母猪的选择除了用以上介绍的选择方法外，还要结合后裔选择法选择。后裔选择又称后裔鉴定，就是在相同的条件下，对一些种猪后裔的成绩进行记录和比较，按其各自后裔的平均成绩，确定种猪的选留和淘汰。

后裔成绩是种猪优秀性状遗传性能的活证据，所以它是一种评定猪种用价值的很可靠的方法。但后裔鉴定改良速度较慢，因此后裔鉴定仅适用于如下情况：被选性状的遗传力低或是一些显性性状；被测公猪所涉及的母猪数量非常大；被测公猪为采用人工授精的公猪。

2. 初配公猪的选择

配种阶段，公猪选择的依据是同胞姐妹的繁殖成绩和自身的性机能及配种成绩。选择时，将其同胞姐妹繁殖成绩突出、自身性机能旺盛、配种成绩优良的公猪留作种用（图 2-35）。

图 2-34　初产母猪的选择　　　　图 2-35　初配公猪的选择

五、种猪的选配

选配是指在选种的基础上，进一步有目的、有计划地组织公猪、母猪双方进行交配。

（一）选配原则

（1）目的明确；

（2）尽量选择亲和力好的公母猪交配；

（3）种公猪的品质（等级）要高于种母猪；

（4）具有相同缺点或相反缺点的公母猪不能选配；

（5）注意年龄选配，最好是壮年公母猪交配。

（二）选配方法

1. 品质选配

品质是指猪的体质、体型、生物学特征、生产性能、产品品质等可以观察的表型性状。品质选配即根据交配双方的品质对比而决定配偶组合，所以，品质选配又称为"表型选配"。品质选配又根据交配双方品质的同、异，可区分为同质选配和异质选配。

（1）同质选配　同质选配是选择表型相同的公母猪交配的方法。例如，用日增重大的公猪配日增重大的母猪等。同质选配主要是使亲本的优良性状加深、稳定和巩固，使之稳定地遗传。在选育实践中，当猪群中出现符合选育目标的优良性状或理想个体时，可以采用同质选配，让具有此优点的公母猪交配，用以产生具有该优良性状的后代，使优良性状得以固定，从而稳定地遗传，实现品种的选育目标。

（2）异质选配　异质选配是选择表型或类型不相同的公母猪进行交配。异质又有两个方面：一是交配双方具有不同的优异性状，例如，用生长快的公猪与产仔性能优异的母猪交配；二是交配双方具有同一性状而表型值有高低之分，例如，日增重大的公猪配日增重低的母猪。异质选配的主要作用在于综合公母猪双方的优良性状，丰富后代的遗传基础，创造新的类型，并提高后代的适应性和生活力。

同质选配和异质选配是个体选配中最常用的方法，有时两者并用，有时交替使用。同一猪群，一般在选育初期使用异质选配，其目的是通过异质选配将公母猪不同的优点综合在一起，创造出新的类型。当猪群内理想的新类型出现后，则转为同质选配，用以固定理想性状，实现选育目标。就不同的猪群而言，育种群一般以同质选配为主，这样可以增加群内优秀个体数量，保持猪群的优良特性。而一般繁殖群则多采用异质选配，这样既可以促进新类型出现，又能保持猪群良好的适应性和生活力。此外，品质选配一般只就一个或两个主要表型品质而言，其具体实施，要服从于选育目标的要求。

2.亲缘选配

根据交配的公母猪之间有无亲缘关系和亲缘关系远近所确定的选配组合，称为亲缘选配。若交配双方到共同祖先的总世代数不超过6个世代，则称为近亲交配，简称"近交"。

近交是选配的一种基本方法。在猪的选育过程中采用近交，可以纯化猪群的遗传结构，随着近交世代的增进，猪群的杂合子基因型频率逐代下降，纯合子基因型频率逐代上升，从而提高猪群的遗传纯度，提高其同质性，使猪群的遗传性状趋于稳定。近交在猪的品系建立过程中使用，可使品系的特征迅速固定，加速品系的建立。对于因品种混杂而造成退化的品种，实行近交还可以在纯化遗传结构的基础上，使品种的性能得以恢复，从而复壮品种。近交也增加了有害基因纯化而暴露的机会，因此可以有目的地安排近交，用以暴露猪群的有害基因，从而达到淘汰携带有害基因的种猪个体，降低猪群内有害基因频率，提高猪群遗传品质的目的。

近交也具有不利的一面，即近交衰退。所谓近交衰退，是指近交后代繁殖性能下降，生活力、适应力下降，生长发育受到抑制，生产性能降低，猪群内有遗传缺陷的个体数增加等一系列不良表现。为了充分发挥近交的有利作用，防止近交衰退现象的发生，在运用近交时，必须有明确的近交目的，反对无目的近交，同时要灵活运用各种近交形式，掌握好近交的程度，不要一开始就用高度近交。

（三）制订选配计划

选配计划根据猪场的具体情况、任务和要求编制，必须了解和掌握猪群现有的生产水平、需要改进的性状、参加选配的每头种猪的个体品质等基本情况，本着"好的维持，差的重选"的原则，安排配偶组合，要尽量扩大优秀种公猪的利用范围，为其多择配偶。现列出选配计划表（表2-2），供参考。

表2-2 猪的选配计划表

母猪				选配公猪					选配方式
					主配		候补		
母猪号	品种	预期配种时间	主要特征	主要特征	猪号	品种	猪号	品种	

※ 任务实施

调查附近猪场选配、培育杂交的方法

1.目标

了解不同猪场选配、培育杂交的方法。

2.材料

笔、纸。

3.场地

现代化猪场。

4.操作步骤

（1）分组：6 人 / 组；

（2）调查猪场选配、培育杂交的方法；

（3）记录猪场杂交与种猪选配的成果；

（4）总结猪场杂交与种猪选配优缺点。

※ 任务评价

"调查附近猪场选配、培育杂交的方法"考核评价表

考核内容	考核要点	得分	备注
猪杂交与种猪选配方法（30 分）	1. 调查附近猪场，听取、记录关于猪杂交与种猪选配方法的要点（15 分） 2. 探索组合猪种杂交（15 分）		
观看、聆听猪场杂交与种猪选配的成果（30 分）	1. 记录猪场杂交与种猪选配的成果（15 分） 2. 总结猪场杂交与种猪选配优缺点（15 分）		
种猪杂交与选配的过程（30 分）	1. 小组配合、分享种猪杂交与选配的过程（15 分） 2. 正确进行种猪的选配操作（15 分）		
完成调查报告（10 分）	总结要点，完成调查报告（10 分）		
总分			
评定等级	□优秀（90 ~ 100 分）；□良好（80 ~ 89 分）；□一般（60 ~ 79 分）		

❓ 任务反思

1.如何才能提高杂种优势？

2.在种猪的选择中，有哪几个不同阶段的选择？

3.种猪的选配原则是什么？

※ 项目小结

项目测试

一、单项选择题

1. 在正常情况下猪的世代间隔为（　　　）年。

　　A.1　　　　　　B.1.5　　　　　　C.2　　　　　　D.3

2. 猪在群体中的位次关系是靠（　　　）形成的。

　　A. 性别　　　　B. 年龄　　　　　C. 毛色　　　　D. 争斗力

3. 下列属于瘦肉型猪品种的是（　　　）。

　　A. 荣昌猪　　　B. 约克夏猪　　　C. 内江猪　　　D. 太湖猪

4. 我国新培育的猪品种有（　　　）个。

　　A.11　　　　　B.5　　　　　　　C.8　　　　　　D.30

5. 当日粮中的粗纤维含量超过（　　　）时，就会对引入品种猪或新培育品种猪的生长速度产生影响。

　　A.5%　　　　　B.7%　　　　　　C.10%　　　　　D.8%

6. 下列关于猪的生物学特性的描述正确的是（　　　）。

　　A. 定居漫游，无位次关系　　　　　B. 嗅觉、视觉灵敏，听觉发达

　　C. 对温度反应不敏感　　　　　　　D. 喜清洁，易调教

7. 猪对温度的要求表现出两重性是因为（　　　）。

　　A. 品种不同　　B. 生理功能不同　C. 管理水平不同　D. 自身结构不同

8. 脂肪型品种猪的背膘厚（　　　）。

　　A.1～2 cm　　 B.1.5 cm 以内　　C.1.5～3.5 cm　　D.4 cm 以上

9. 为了保持和巩固品种猪的固有优良性状，主要采用（　　　）。

　　A. 同质选配　　B. 异质选配　　　C. 亲缘选配　　　D. 近交

10. （　　　）的遗传力属于高遗传力。

　　A. 日增重　　　B. 饲料利用率　　C. 屠宰率　　　　D. 背膘厚度

11. 当猪群处于停滞状态或在品种选育初期，为了通过性状重组以获得理想型个体时，采用（　　）。

　　A. 同质选配　　　B. 异质选配　　　C. 亲缘选配　　　D. 近交

12. 采用（　　）可以纯化猪群的遗传结构，提高其同质性，使猪群的遗传性状趋于稳定。

　　A. 同质选配　　　B. 异质选配　　　C. 亲缘选配　　　D. 近交

13. 在猪的杂交繁育中，我国地方优良品种适合作三元杂交的（　　）。

　　A. 第一父本　　　B. 第一母本　　　C. 终端父本　　　D. 第二母本

14. 处于生长阶段的种用猪称为（　　）。

　　A. 鉴定猪　　　B. 基础种猪　　　C. 后备猪　　　D. 肉猪

15. 处于 1 ~ 2 岁的种用公猪称为（　　）。

　　A. 后备猪　　　B. 鉴定公猪　　　C. 基础公猪　　　D. 鉴定母猪

二、判断题

1. 猪对温度的要求表现出两重性是因为自身结构不同。　　　　　　　（　　）

2. 猪喜欢吃甜食。　　　　　　　　　　　　　　　　　　　　　　　（　　）

3. 猪不爱清洁，故喜欢在泥水里打滚。　　　　　　　　　　　　　　（　　）

4. 瘦肉型品种猪的背膘厚 1.5 ~ 3.5 cm。　　　　　　　　　　　　（　　）

5. 脂肪型品种猪的背膘厚 3.5 cm 以上。　　　　　　　　　　　　　（　　）

6. 瘦肉型品种猪的瘦肉量一般占胴体的 45% 以上。　　　　　　　　（　　）

7. 脂肪型品种猪的瘦肉量一般占胴体的 45% 以下。　　　　　　　　（　　）

8. 脂肪型品种猪的体长与胸围之差不超过 20 cm。　　　　　　　　（　　）

9. 猪的经济类型的划分方法的基础是胴体的瘦肉率与脂肪率的变化。（　　）

10. 我国现代饲养的猪品种是由脂肪型、瘦肉型、鲜肉型三部分组成的。

　　　　　　　　　　　　　　　　　　　　　　　　　　　　　　（　　）

11. 华北型猪的特点是繁殖力强，抗逆力强，生长速度快。　　　　　（　　）

12. 西南型猪的优点是屠宰率高。　　　　　　　　　　　　　　　　（　　）

13. 体质较弱是华北型猪的缺点。　　　　　　　　　　　　　　　　（　　）

14. 民猪原产于浙江省东阳市、义乌市等地。　　　　　　　　　　　（　　）

15. 太湖猪主要产于贵州从江等地。　　　　　　　　　　　　　　　（　　）

16. 香猪主要分布于长江下游、江苏、浙江等地。　　　　　　　　　（　　）

17. 民猪是当今世界繁殖力、产仔力最强的品种。　　　　　　　　　（　　）

18. 我国新培育的猪有 11 个品种、30 个品系。　　　　　　　　　　（　　）

19. 我国新培育品种猪按外形和毛色划分为大白型、中白型和花型三大类型。

　　　　　　　　　　　　　　　　　　　　　　　　　　　　　　（　　）

20. 我国培育的第一个肉用型猪新品种是冀合白猪。 （ ）

21. 我国首次育成的、采用瘦肉型猪专门化品系生产优质商品猪的配套系杂优猪是哈尔滨白猪。 （ ）

22. 我国从国外引入的品种猪主要作为母本。 （ ）

23. 我国从国外引入的品种猪具有胴体瘦肉率高的特点，其胴体瘦肉率可达75%以上。 （ ）

24. 皮特兰猪是当今世界上最为流行的家猪品种之一，是著名的瘦肉型品种猪。 （ ）

25. 杜洛克猪原产于英国。 （ ）

26. 皮特兰猪原产于比利时，又称"白带猪"。 （ ）

27. 长白猪是世界上著名的肉脂兼用型品种，原产于丹麦。 （ ）

28. 汉普夏猪原产于美国，最突出的特点是眼肌面积大，瘦肉率高。 （ ）

三、填空题

1. 猪的生物学特性表现为繁殖力强，生长强度大，代谢旺盛，群居，位次明显，嗅觉和听觉灵敏，视觉迟钝以及_____。

2. 猪的繁殖力强主要表现在_____、_____、_____、_____。

3. 本地品种猪一般在_____月龄达到性成熟，新培育品种一般在_____月龄达到性成熟，引入品种一般在_____月龄达到性成熟。

4. 猪的妊娠期平均为_____天，其范围为_____天。

5. 个体品质的选配有_____、_____两种形式。

6. 为了保持和巩固猪品种的固有优良性状，主要采用_____选配。

7. 当猪群处于停滞状态或在品种选育初期，为了通过性状重组以获得理想型个体时，采用_____选配。

8. 采用_____可以纯化猪群的遗传结构，提高其同质性，使猪群的遗传性状趋于稳定。

9. 不同品系、品种个体之间的交配称为_____。

10. 在猪的杂交繁育中，我国地方优良品种适合作三元杂交的_____。

11. 个体选配又可分为_____和_____。

公猪舍猪的饲养管理

【项目导入】

种公猪的品质将直接影响其后代的生长速度和胴体品质，优良的种公猪是猪场高生产水平的保证。因此，种猪的饲养直接影响整个猪群的生产效益，种猪的饲养在养猪生产中显得极为重要。

如何才能养好种公猪并科学合理地利用好种公猪呢？首先要坚定从事畜牧业的信念，热爱养猪工作，树立强农、振兴养猪事业的社会责任感。作为饲养管理者，只有了解种公猪日常生活习性和营养需要，才能科学地饲养和调教种公猪。同时，还要掌握种公猪的日常饲养管理，有吃苦耐劳精神，严格遵守防疫、管理、消毒、饲养等规章制度，具有协作沟通的社会能力和可持续发展能力。

本项目将完成 2 个学习任务，即配制公猪舍猪的日粮；饲养与管理公猪舍猪。

| 任务一　配制公猪舍猪的日粮 |

任务描述

　　小李同学在猪场实习时被分配到公猪舍担任公猪饲养员，场长要求小李为种公猪选择和配制适宜日粮，以促进公猪的健康生长，提高配种效率和母猪受胎率。

任务目标

　　知识目标：

　　1. 能说出后备公猪的营养需求；

　　2. 能说出种公猪的营养需求。

　　技能目标：

　　1. 能选择和配制后备公猪的日粮；

　　2. 能选择和配制种公猪的日粮。

※ 任务准备

一、配制后备公猪的日粮

　　后备公猪即青年公猪，是猪场的后备力量。从仔猪育成到初次配种前，是后备公猪的培育阶段。后备公猪的培育目的是使后备公猪发育良好，体格健壮，形成发达且机能完善的消化系统、血液循环系统和生殖系统，以及结实的骨骼、适度的肌肉和脂肪组织。

（一）后备公猪的营养需求

配制公猪舍猪
的日粮

　　后备公猪所用饲料应根据其不同的生长发育阶段进行配制。要求原料品种多样化，保证营养全面；注意能量饲料和蛋白质饲料的比例，特别是矿物质、维生素和必需氨基酸的补充。在饲养过程中，注意防止其体重过快增长，注意控制性成熟与体成熟的同步性。

　　1. 能量需求

　　后备公猪需要足够的能量来维持生长和发育，以及维持正常的生理功能。能量主要来自饲料中的碳水化合物和脂肪。

　　2. 蛋白质需求

　　蛋白质是后备公猪生长和发育所必需的营养物质。蛋白质主要来自饲料中的氨基酸，如赖氨酸、色氨酸、苏氨酸等。

　　3. 矿物质需求

　　后备公猪需要适量的矿物质来维持骨骼和牙齿的健康，以及正常的生理功能。常见的矿物质包括钙、磷、钠、钾、镁等。

4. 维生素需求

后备公猪需要适量的维生素来维持正常的生理功能和免疫系统的健康。常见的维生素包括维生素 A、维生素 D、维生素 E、B 族维生素等。

5. 水分需求

后备公猪需要足够的水分来维持正常的生理功能和体温调节。

（二）后备公猪的日粮配制

后备公猪的营养需求会随着生长阶段的不同而有所变化，因此在饲养过程中需根据具体情况进行合理的营养配给。此外，饲料的质量和种类也会影响后备公猪的营养摄入。因此，合理的饲养管理和科学的饲料配方对满足后备公猪的营养需求至关重要。

后备公猪的日粮配制见表 3-1（仅供参考）。

表 3-1 后备公猪的日粮配比与营养水平

阶 段	玉米 /%	麦麸 /%	豆粕 /%	预混料 /%	消化能 / (MJ·kg^{-1})	蛋白质 /%
30 ~ 60 kg	66	9	21	4	13.6	16.2
60 ~ 100 kg	66	11	19	4	13.5	15.3

二、配制种公猪的日粮

（一）种公猪的营养需求

配种公猪的营养需要包括维持配种活动、精液生成和自身生长发育需要。所需主要营养包括能量、蛋白质、矿物质及维生素等。各种营养物质的需要量应根据其品种、类型、体重、生产情况而定。

1. 能量

合理供给能量，是保持种公猪体质健壮、性机能旺盛和精液品质良好的重要因素。一般瘦肉型成年公猪（体重 120 ~ 150 kg）每天在非配种期的消化能需要量为 25.1 ~ 31.3 MJ/kg，配种期消化能需要量为 32.4 ~ 38.9 MJ/kg。未成年公猪由于尚未达到体成熟，身体还处于生长发育阶段，故能量需要量（消化能）高于成年公猪 25% 左右。北方冬季圈舍温度不到 15 ~ 20 ℃时，能量需要量应在原标准的基础上增加 10% ~ 20%。南方夏季天气炎热，公猪食欲降低，按正常饲养标准的营养浓度进行饲料配合，公猪很难全部采食所需营养。因此，可以通过提高各种营养物质浓度的方法使公猪尽量摄取所需营养，满足公猪生产需要。在生产实践中，人为地提高或降低日粮能量浓度，会影响种公猪体况，降低其繁殖性能。

2. 蛋白质

公猪一次射精通常有 200 ~ 500 mL 精液，其中粗蛋白质含量在 3.7% 左右，是精液干物质中的主要成分。因此，日粮中蛋白质的含量和质量对公猪的精液品质、精子寿命及活力等都有重要影响。同时，种公猪饲料中蛋白质数量和质量、氨基酸的水平直接影响种公猪的性成熟、体况。种公猪的每千克日粮中应含有 14% 的粗蛋白，过高或过低均会影响精液中精子的密度和品质：过高不仅增加饲料成本、浪费蛋白质资源，而且多余蛋白质会转化成脂肪沉积体内，使得公猪体况偏胖影响配种，同时加重肝肾负担；过低则精子密度和品质下降。在考虑蛋白质供应的同时，还要考虑某些必需氨基酸的水平。尤其是饲喂玉米、豆粕型日粮时，赖氨酸、蛋氨酸及色氨酸的供给尤为重要。因此，在配种季节，日粮中应多补加一些优质的动物性蛋白质，如鱼粉、肉骨粉等，必要时可喂一定量的鸡蛋。

3. 矿物质

矿物质，尤其是钙、磷，对精液品质影响很大，日粮中含量不足时，种公猪性腺发生病变，从而使精子活力下降，并出现大量畸形精子和死精子。锌、碘、钴和锰对提高种公猪精液品质有促进作用。尤其是在机械化养猪条件下，补饲上述微量元素效果尤为显著。

4. 维生素

维生素对种公猪也是十分重要的，在封闭饲养条件下更应注意维生素的添加，否则容易导致维生素缺乏症。日粮中长期缺乏维生素 A 会导致青年公猪性成熟延迟、睾丸变小、睾丸上皮细胞变性和退化，从而使精子密度和质量降低。但维生素 A 过量时可出现被毛粗糙、鳞状皮肤、过度兴奋、触摸敏感、蹄周围裂纹处出血、血尿、血粪、腿失控不能站立及周期性震颤等中毒症状。日粮中维生素 D 缺乏会降低公猪对钙和磷的吸收，间接影响睾丸产生精子和配种性能。公猪日粮中长期缺乏维生素 E 会导致成年公猪睾丸退化、永久性丧失生育能力。其他维生素也在一定程度上直接或间接地影响公猪的健康和种用价值，如 B 族维生素缺乏会出现食欲下降、皮肤粗糙、被毛无光泽等不良后果。因此，应根据饲养标准酌情添加维生物。

（二）种公猪的日粮配制

种公猪的营养需要包括维持配种活动、精液生成和自身生长发育所有需要。所需主要营养包括能量、蛋白质、矿物质及维生素等。

种公猪的日粮与营养配比见表 3-2。

表 3-2　种公猪的日粮与营养配比

原料	配比 %		营养成分	含量	
	非配种期	配种期		非配种期	配种期
玉米	30.4	33.4	消化能／(MJ·kg^{-1})	12.98	13
麦麸	10	12	粗蛋白／%	15.1	13.2
高粱	30	30	钙／%	0.88	0.81
脱脂米糠	8	8	磷／%	0.76	0.73
豆粕	6	2	赖氨酸／%	0.65	0.52
鱼粉	4	3	蛋氨酸＋胱氨酸／%	0.44	0.39
苜蓿粉	6	6	—	—	—
磷酸氢钙	0.8	0.8	—	—	—

续表

原料	配比 %		营养成分	含量	
	非配种期	配种期		非配种期	配种期
碳酸钙	0.5	0.5	—	—	—
食盐	0.4	0.4	—	—	—
维生素添加剂	0.2	0.2	—	—	—
微量元素添加剂	0.2	0.2	—	—	—
糖蜜	3.5	3.5	—	—	—

※ 任务实施

种公猪日粮的选择与配制

1. 目标

会根据种公猪的营养需要配制或选择适宜的种公猪日粮。

2. 材料

饲料添加剂、饲料原料、不同蛋白质饲料。

3. 操作步骤

（1）种公猪日粮的配制　①查种公猪营养标准；②选择确定饲料原料；③计算机计算配方；④称量原料；⑤粉碎原料；⑥混合并加入添加剂；⑦制粒；⑧风干；⑨包装贮藏。

（2）种公猪饲料的选择　①调查种公猪饲料品牌；②检查种公猪饲料质量；③分析种公猪饲料营养成分；④确定种公猪饲料的品牌选择。

※ 任务评价

"种公猪日粮的选择与配制"考核评价表

考核内容	考核要点	得分	备注
种公猪日粮的配制（50分）	1. 种公猪营养需要（10分） 2. 原料质量鉴别（20分） 3. 选择适宜的配制方法（20分）		
种公猪饲料的选择（50分）	1. 能量水平要求（20分） 2. 蛋白质水平要求（20分） 3. 钙磷水平要求（10分）		
总分			
评定等级	□优秀（90～100分）；□良好（80～89分）；□一般（60～79分）		

？ 任务反思

简述后备公猪、种公猪的营养需要特点。

| 任务二　饲养与管理公猪舍猪 |

✎ 任务描述

　　种公猪是猪生产的核心之一，要保障种公猪持续提供健康优质精液，需系统掌握猪的品种特点、育种技术，并且要对种公猪进行科学饲养管理。小王在公猪舍工作已有一段时间，今天接到的新任务就是测定种公猪的性能。

📖 任务目标

知识目标：

1. 能说出后备公猪的饲养管理要点；

2. 能说出种公猪调教和采精的方法。

技能目标：

1. 能根据不同的要求对种公猪进行饲喂、管理；

2. 能对种公猪进行调教和采精。

※ 任务准备

一、饲养与管理后备公猪

（一）后备公猪行为及生理特点

（1）生殖器官发育　在5～7月龄时，后备公猪的生殖器官开始发育，开始有性欲。

（2）骨骼生长　在出生后的前3个月内，后备公猪的骨骼生长速度非常快，此时应特别注意营养供应。

（3）激素分泌　在青春期到来之前，后备公猪会分泌一些激素，这些激素可以促进其生殖器官的发育。

（二）后备公猪入栏前的准备工作

1.后备公猪隔离检测

对全部后备公猪进行采血检测，根据抗原和抗体检测结果，制订隔离期间的免疫程序与保健方案。隔离期结束，全群采血检测合格后，才能调进生产线。之后执行后备公猪的免疫程序。

饲养与管理
公猪舍猪

2. 后备公猪栏舍准备

栏舍彻底清扫并用清水冲洗，干燥后用 3% ~ 4% 烧碱溶液消毒 1 h。

3. 设备检查

检修好栏舍的电路、电器、通风换气设备及饮水器、供料系统、门窗等设备后，用消毒液喷雾消毒、干燥待用。

4. 准备并消毒工具

准备足够的扫把、铁铲等工具，进行彻底清洗并用指定消毒液浸泡消毒，干燥后备用。

5. 防蚊、鼠和鸟

做好防蚊、防鼠和防鸟措施。

（三）后备公猪的饲养要点

1. 确保饲料质量

喂料前观察饲料颜色、颗粒状态，嗅闻饲料气味等，发现异常及时报告并处理。

2. 清理食槽

喂料前清理食槽，处理剩余饲料，将食槽清洗干净。

3. 后备公猪的采食量

饲喂专用公猪料，每头每天饲喂 2.5 ~ 3.0 kg，并根据公猪的膘情，适当调整饲喂量。配种季节每头公猪每天加喂 2 ~ 3 个鸡蛋。

（四）后备公猪的管理要点

1. 环境管理

（1）温湿度　公猪舍温度以 15 ~ 20 ℃为宜，冬季应防止冷风突然袭击及贼风侵袭；夏季要做好防暑降温工作，用好水帘或滴水等降温系统。

（2）通风　注意舍内有害气体浓度，根据人的感觉及时调整通风系统，经常打开走道上的风门。

（3）环境卫生　每天上、下午各做一次粪便清扫，实行干稀分流，并定期对圈舍进行彻底冲洗清洁，同时防止蚊子、苍蝇滋生，放置灭鼠药，消灭老鼠。

2. 猪群管理

（1）分群　为使后备公猪生长发育均匀整齐，应按性别、体重进行分群饲养，即公母分开，大小分开，一般每栏 4 ~ 6 头，饲养密度合理，每头猪占地 1.5 ~ 2.0 m²。

（2）运动　为了使后备公猪四肢坚实、灵活，体质健康，最好使之进行适度的运动。可在适宜的场所进行自由运动或驱赶运动。运动可使猪反应灵敏、动作灵活，使公猪顺利配种。

（3）后备公猪的调教

①后备公猪达 7 ~ 9 月龄，体重达 120 kg 以上，体况良好即可开始调教、采精；

②先调教性欲旺盛的公猪，将后备公猪放在采精配种能力较强的老公猪附近隔栏观望（图 3-1），学习爬跨及人工采精（图 3-2）。

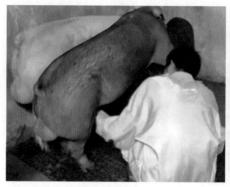

图 3-1 观摩学习　　　　　图 3-2 采精

③挤出包皮积尿，按摩公猪的包皮部。

④诱导爬跨：用发情母猪的尿或阴道分泌物涂在假母猪台上，也可以用其他公猪的尿或口水涂在假母猪台上，诱发公猪的爬跨欲。上述方法都不奏效时，可赶来一头发情母猪，让公猪空爬几次，在公猪性兴奋时赶走发情母猪。

⑤按摩公猪包皮部位，刺激其伸出阴茎采精。

⑥调教成功的公猪在1周内每隔1天采精1次，巩固其记忆，以形成条件反射；对难以调教的公猪，可实行多次短暂训练，每周4～5次，每次15～20 min；如果公猪表现出厌烦、受挫或失去兴趣，应该立即停止调教训练。

✎ 知识拓展

公猪调教方法

1. 爬跨假母猪台调教法

调教用的假母猪台高度要适中，以45～50 cm为宜，可因猪不同而调节，最好使用活动式假母猪台。调教前，先将其他公猪的精液（或胶体）或发情母猪的尿液涂在假母猪台上，然后将后备公猪赶到调教栏，公猪闻到气味后，大都愿意啃、拱假母猪台，此时若调教人员播放类似发情母猪叫声的声音，更能刺激公猪性欲的提高，一旦有较高的性欲，公猪慢慢就会爬跨假母猪台了。如果有爬跨的欲望，但没有爬跨，最好第二天再进行调教，一般1～2周可调教成功。

假母猪台　　　　爬跨前　　　　爬跨成功　　　　采精

2. 爬跨发情母猪调教法

调教前，将一头发情旺期的母猪用麻袋或其他不透明物盖起来，不露肢蹄，只露母猪阴户，赶至假母猪台旁边，然后将公猪赶来，让其嗅、拱母猪，刺激其性欲。当公猪性欲高涨时，迅速赶走母猪，而将涂有其他公猪精液或母猪尿液的假母猪台移过来，让公猪爬跨。一旦爬跨成功，第二、第三天就可以用假母猪台进行强化了。这种方法比较麻烦，但效果较好。

爬跨发情母猪

3. 药物刺激调教法

将假母猪台调整到与公猪肩膀相同的高度。将注射了律胎素的公猪赶到采精栏里，先让公猪适应一下采精栏的环境，与此同时，给下一头准备采精的公猪注射律胎素，然后将其放入赶猪道或热身栏。如果公猪对假母猪台不感兴趣，可在假母猪台旁边用手刺激它，并用"学母猪哼哼叫"或"对着公猪脸吹气"的方法，引诱公猪至假母猪台边，使它对假母猪台产生兴趣，但这种方法只对某些公猪有用，对易激动的公猪无效。等公猪爬上假母猪台后开始采精，直到其结束射精为止。将采完精的公猪赶回定位栏，让下一头注射过律胎素的公猪进入采精栏。每次都一定要事先注射律胎素，以保持整个流程顺畅。

（4）后备公猪调教注意事项

①准备留作采精用的后备公猪，从 7 ~ 8 月龄开始调教，效果比从 6 月龄就开始调教要好得多，不仅易于采精，而且可以缩短调教时间并延长使用时间。

②后备公猪在配种妊娠舍适应饲养的 45 天内，调教人员要经常进栏，使后备公猪熟悉环境。训练后备公猪进出猪圈及在道路上行走，在训练过程中可抓住后备公猪尾巴。

③进行后备公猪调教时，要有足够的耐心，不能粗暴对待后备公猪。调教人员应态度温和，方法得当，调教时发出一种类似母猪叫声的声音或经常抚摸后备公猪，使调教人员的一举一动或声音渐渐成为后备公猪行动的指令。

④调教时，应先调教性欲旺盛的后备公猪。后备公猪性欲的强弱，一般可通过咀嚼唾液的多少来衡量，唾液越多，性欲越旺盛。对于那些对假母猪台或母猪不感兴趣的后备公猪，可以让它们在旁边观望或在其他后备公猪配种时观望，以刺激其提高性欲。

⑤对于后备公猪，每次调教的时间一般为 15 ~ 20 min，每天可训练一次，一周最

好不少于3次，直至爬跨成功。调教时间太长，容易引起后备公猪厌烦，起不到调教作用。调教成功后，一周内隔日要采精1次，以加强其记忆。以后，每周可采精1次，至12月龄后每周采精2次，一般不超过3次。

（5）采精

①采精时间。采精安排在公猪饲喂前进行，时间相对固定。

②采精准备：a.确定采精人员。准备好采精栏、假母猪台、消过毒的器械。准备集精杯时，一定不要让手与采精袋内部接触，放入预热箱中预热至37 ℃备用。采精人员一定要佩戴一次性手套，不得徒手采精。b.确定公猪。由精液分析实验员按照育种师制订的选配表和配种舍提供的当日发情母猪清单，确定需要采精公猪的名单，交给采精人员按照名单准备相应公猪采精。

③采精前清洗消毒。采精前清除猪体各部位的污物，尤其是公猪包皮及其周围部位，要用一次性优质卫生纸反复擦净、擦干。如果包皮周围阴毛太长，需用剪刀剪短。

④诱导爬跨（图3-3）。投产公猪一般会自主爬跨假母猪台，采精人员应让公猪自己爬跨并调整姿势以适应假母猪台。对于新投产或个别性格差异不愿爬跨假母猪台的种公猪，要诱导其爬跨，可采用上述公猪调教法刺激爬跨。

图3-3　诱导爬跨　　　　　图3-4　按摩腹部，挤出包皮积尿

⑤诱导射精。公猪爬上假母猪台后，需按摩公猪的包皮部，挤出包皮积尿（图3-4）；当公猪伸出阴茎时，采精员手心向下握住阴茎前端螺旋部的第一褶和第二褶，让龟头露出拳外0.5 cm左右，趁公猪前冲时顺势将阴茎拉出包皮外，在公猪继续前冲时让阴茎自然充分伸展，顺势将阴茎的"S"状弯曲牵引直（不必强拉）后，阴茎将达到强直、"锁定"状态，用手指轻轻按摩龟头前端，手有节奏地捏动（收缩），刺激公猪射精；射精过程中不要松手，保持一定压力，否则压力减轻将导致射精中断；公猪每次射精时间较长，一般为5 ~ 10 min；公猪射精完毕，应顺势将阴茎送入包皮内，避免损伤；并迅速将原精送精液实验室处理。

⑥精液收集。当公猪开始射精后，去除前部分被污染的带胶质的精液，收集浓精液，直至公猪射精完毕时停止收集，但不能松手，需待公猪射精完全停止才能放手。注意在收集精液过程中要防止包皮部液体等进入集精杯。

⑦记录与送检。采精完毕后，用记号笔在采精袋上记录下被采精公猪的耳牌号，然后立即送精液实验室进行检测。

⑧采精频率。9～10月龄公猪每周采精1次，10月龄以上公猪每隔3天采精1次。健康公猪应按频率定期采精，即使不使用也应采精丢弃。若公猪患病，痊愈两周后方可采精。

（6）确定公猪初配年龄　公猪达到性成熟后，由于身体还未成熟，因此不能参与配种（按要求要达到基本体成熟后才可参加配种），否则将影响公猪身体健康和配种效果。公猪过早使用会导致未老先衰，且会影响后代的质量；过晚使用会使公猪的有效利用年限减少。我国地方品种公猪的初配年龄为8～10月龄，体重达50～70kg；国外引进品种公猪的初配年龄为10～12月龄，体重为100～120kg。

3.后备公猪舍的一日饲养管理工作

（1）8：00—12：00原则上为工作时间，冬、春季上下班时间适当调整，工作日程如下：

第一步：巡查猪只、猪舍设施、设备、水电等情况；

第二步：清理、清洗食槽，投喂饲料，检查饮水供给是否正常；

第三步：除粪等清洁卫生工作；

第四步：饲喂饲料半小时后使用诱情公猪检查母猪发情（返情）；

第五步：完成调栏等工作并配合完成其他事项；

第六步：巡查处理猪舍水电、门窗等设施设备、猪只、饲料等状况，下班。

（2）14：00—18：00原则上为工作时间，冬、春季上下班时间适当调整，工作日程如下：

第一至第五步同上午日程；

第六步：完成报表、工作日报等记录报告；

第七步：巡查处理猪只、猪舍设施设备、水电等，下班。

二、饲养与管理种公猪

种公猪（图3-5）分纯种、杂种两类。目前，我国饲养、利用的大多数是纯种公猪，除用于纯繁外，还用于杂交生产，杂种公猪应用于配套系生产。饲养种公猪的目的是获得数多、质优的后代，若本交，一头公猪一年可配母猪25～40头，每头产仔10头左右，则可繁殖250～400头仔猪；如人工授精，则每年可配母猪600～1 000头，每年可繁殖仔猪近万头。

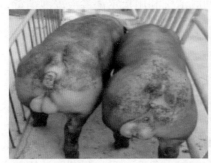

图3-5　种公猪

（一）种公猪行为及生理特点

1.领地行为

种公猪具有领地意识，会在自己的领地内进行标记和防卫，以确保自己的地盘不被其他公猪侵犯。

2.社交行为

种公猪在与其他公猪交流时会表现出一定的社交行为，包括互相嗅闻、挑动、张嘴叫唤等，以展示自己的地位和强壮。

3.性行为

种公猪在发情期间会展示出明显的性行为，如留群站立、嗅闻、蹲跪等，以吸引母猪发情并进行交配。

4.食欲变化

种公猪的食欲通常受性周期的影响，发情期间可能食欲减退或暂时停食，这是正常的生理变化。

5.射精量大

种公猪射精量一般为 150 ~ 500 mL，有的甚至高达 900 ~ 1 000 mL。

6.交配时间长

种公猪交配时间一般 5 ~ 10 min，有的可长达 20 min 以上。

7.精液内蛋白质含量高

种公猪的精液内，干物质占5%，粗蛋白占3.7%，占干物质量的60%以上。因此必须供给种公猪适宜的能量饲料、优质蛋白质饲料。生产上，种公猪应保持中上等膘情（不肥不瘦的七八成膘）和结实的体质，以利于配种。

（二）种公猪入栏前准备工作

1.种公猪栏舍准备

栏舍彻底清扫并用清水冲洗，干燥后用3% ~ 4%烧碱溶液消毒1 h。

2.设备检查

检修好栏舍的电路、电器、通风换气设备及饮水器、供料系统、门窗等设备后，用消毒液喷雾消毒，干燥待用。

3.准备并消毒工具

准备足够的扫把、铁铲等工具，并进行彻底清洗和用指定消毒液浸泡消毒，干燥后备用。

4.防蚊、鼠、鸟

做好防蚊、防鼠和防鸟措施。

（三）种公猪的饲养要点

1.日粮供应

日粮除遵循饲养标准外，还需根据品种类型、体重、配种强度等合理调整，一般饲喂专用公猪料。常年配种的猪场，要给予均衡饲料，采取一贯加强营养的饲养方式；季节配种的猪场，在配种前1个月提高营养水平，比非配种期的营养增加20%～25%，在配种前2～3周进入配种期饲养。配种停止后，逐渐过渡到非配种期的饲养标准；冬季寒冷时要比饲养标准提高10%～20%；青年公猪要增加日粮10%～20%。

2.饲料要求

营养要全面，保证一定量的全价优质蛋白质和适量的微量元素，且易消化，适口性好，以精料为主，体积不宜过大。有条件时，补充适当的青绿饲料，如补充饲用胡萝卜，配种繁忙季节可适当补充动物性饲料，如鱼粉供给量提高1%～2%，或每头种公猪每天喂2～3枚带壳生鸡蛋，或加入5%煮熟、切碎的母猪胎衣等。严禁喂发霉变质和有毒饲料（如棉粕、菜粕等），供给充足饮水。

3.饲喂技术

体重在90 kg之前自由采食，90 kg之后限制饲养。限制饲养采用限量饲喂方式：应定时定量，每日喂2～3次，每次不要喂得太饱，每天喂料量为2.0～3.0 kg。

（四）种公猪的管理要点

1.环境管理

（1）温湿度　公猪舍温度以15～20 ℃为宜，冬季应防止冷风突然袭击及贼风侵袭；夏季要做好防暑降温工作，用好水帘或滴水等降温系统，注意保护公猪的肢蹄。

（2）通风　注意舍内有害气体浓度，根据人的感觉及时调整通风系统，经常打开走道上的风门。

（3）环境卫生　每天上、下午各做一次粪便清扫，实行干稀分流，并定期对圈舍进行彻底冲洗清洁。同时防止蚊子、苍蝇滋生，并放置灭鼠药，消灭老鼠。

2.猪群管理

（1）单圈饲养（图3-6）　成年种公猪最好单圈饲养，每头占地4 m²，要有充足的休息室和运动场，地面不要太滑、太粗糙，防止肢蹄损伤。

图3-6　单圈饲养

（2）合理的运动　运动形式有自由运动、驱赶运动和放牧运动。理想的运动场为7 m×7 m。驱赶运动每天上午、下午各一次，每次1～2 h，每次运动里程2 km，方法是：慢—快—慢。夏天应在早晨或傍晚进行，冬天中午进行。配种期适当运动，非配种期加强运动。放牧运动一般在天气允许的情况下每天1次，要求放牧场地地面平整，没有有毒植物。

（3）刷拭和修蹄　每天刷拭猪体1～2次，时间5～10 min，夏季可结合洗浴进行（图3-7）。种公猪蹄甲过长时应及时修整，以免影响公猪的正常活动和配种。

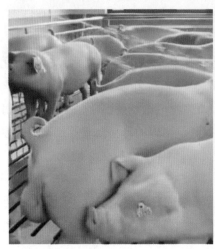

图3-7　清洗种公猪

（4）定期称重和检查精液品质　种公猪在使用前两周应进行精液品质检查。人工授精的种公猪每次采精后都要检查；本交的种公猪每月应检查1～2次；后备公猪即将配种之前，或成年种公猪由非配种期转入配种期之前，均要及时检查。

（5）避免刺激　公猪舍应处于上风向，远离配种点，种公猪要合理使用和加强运动，否则会过度消耗体力和精液，造成种公猪未老先衰，降低种用年限；甚至形成自淫恶癖，待配种时无成熟精子，严重影响母猪受胎率。

（6）防止种公猪咬架　每隔6个月剪牙一次，用钢锯或钢钳在齿龈线处将獠牙剪断，防止其咬架。种公猪咬架时，应迅速放出发情母猪将种公猪引走，或用木板将种公猪隔离开。防止种公猪咬架的最有效办法是不让其相遇，如设立固定的跑道。

（7）防寒防暑　种公猪适宜的舍温是15～20 ℃，相对湿度为60%～70%。舍温达到30 ℃即可对造精功能产生障碍。一般情况下，猪的睾丸温度比体温低4～5 ℃，有特殊的调节能力，但是一旦高温引起睾丸温度升高，就导致繁殖力下降。猪的正常体温为38～39 ℃，据报道，肛门温度只要提高1 ℃达72 h，精子就会减少70%以上，并需7～8周才能恢复正常，发烧时体温在40 ℃以内，需停止配种3周；烧至40 ℃以上时，治愈后休息1个月才能配种。

（8）种公猪的淘汰（出现下列情况之一者即应淘汰）

①患生殖器官疾病，无法治愈。

②精液品质不良，如精子活力0.5以下或浓度低于0.8亿个/mL。

③配种受胎率50%以下。

④有肢蹄疾患，不能正常爬跨。

⑤连续使用3年以上，性欲明显下降的老龄种公猪。种公猪的使用年限一般为3～4年，最多不超过5年。

3. 公猪舍的一日饲养管理工作

（1）8：00—12：00原则上为工作时间，冬、春季上下班时间适当调整，工作日程如下：

第一步：巡查猪只、猪舍设施、设备、水电等情况；

第二步：清理、清洗食槽，投喂饲料，检查饮水供给是否正常；

第三步：除粪等清洁卫生工作；

第四步：饲喂饲料半小时后使用诱情公猪检查母猪发情（返情）。

第五步：完成调栏等工作及配合完成其他事项；

第六步：巡查处理猪舍水电、门窗等设施设备、猪只、饲料等状况，下班。

（2）14：00—18：00原则上为工作时间，冬、春季上下班时间适当调整，工作日程如下：

第一至第五步同上午日程；

第六步：完成报表、工作日报等记录报告；

第七步：巡查处理猪只、猪舍设施设备、水电等，下班。

※ 任务实施

测定种公猪性能

1. 目标

通过实习了解种公猪性能测定的指标及方法，掌握使用背膘仪测定猪活体背膘的方法。

2. 材料

背膘仪（A超或B超）、单体笼等。

3. 操作步骤

（1）外貌鉴定

①看总体：a.检查猪体质是否结实，结构是否匀称，各部结合是否良好。b.检查品种特征。看毛色、耳型是否符合品种要求，种公猪是否眼明有神，反应是否灵敏，是否具有本品种的典型雄性特征。c.检查身体。要求体躯长，背腰平直，肋骨开张良好。腹部容积大而充实，腹底呈直线，大腿丰满，臀部发育良好，尾根附着要高。d.检查四肢。要求四肢端正结实，步态稳健轻快。e.检查被毛。要求被毛短、稀而有光泽，皮薄富有弹性。

②看第二性征：a.检查睾丸。睾丸左右对称，大小匀称，轮廓明显，没有单睾、隐睾或赫尔尼亚。b.检查包皮。包皮大小是否适中，包皮有无积尿。

（2）背膘测定

①清洗猪只。为了提高测量效率，需根据猪只体表卫生状况，决定是否清洗猪只，一则方便操作人员测量，保护仪器。二则湿润猪只体表皮肤，洗去体表结痂或死皮，方便仪器探测，提高测量效率。

②确定测量部位。一般选择最后肋骨处和腰荐结合处离背中线5 cm处作为活体测

膘的最佳部位。

③剔剪剪毛。用剔剪剪去测定部位的猪毛，方便测量仪器探头与猪皮肤无缝接触。剪毛面积一般为 5 cm×5 cm 左右。

④涂耦合剂。耦合剂是检测仪探头与猪皮肤之间的润滑剂，其作用是排除探头与猪体表之间的空气和作为超声波传播的介质。它是准确测定背膘所不能缺少的。

⑤正确测量。测量时，尽量让猪只安静，避免猪只因弓背或塌腰而使测量数据出现偏差。探头直线平面与猪背正中线纵轴面垂直，不可斜切。同时探头应与猪背密接且不重压。

⑥读取记录数据。若为 A 超，读取仪器亮三个指示灯时的数值，记录下来。若为 B 超，观察并调节屏幕影像，获得理想影像时即冻结影像，测量背膘厚和眼肌面积，并加以说明标记。

※ 任务评价

"测定种公猪性能"考核评价表

考核内容	考核要点	得分	备注
外貌鉴定（60分）	1. 检查品种特征（10分） 2. 检查身体（10分） 3. 检查四肢（10分） 4. 检查被毛（10分） 5. 检查睾丸（10分） 6. 检查包皮（10分）		
背膘测定（40分）	选择测定部位（10分）		
	1. 涂耦合剂（5分） 2. 探头的位置、方向（5分）		
	猪只安静，体位正确（10分）		
	数据读取正确（10分）		
总分			
评定等级	□优秀（90～100分）；□良好（80～89分）；□一般（60～79分）		

? 任务反思

1. 简述后备公猪的调教方法。

2. 简述种公猪的采精方法。

3. 简述种公猪的饲养管理方法。

※ 项目小结

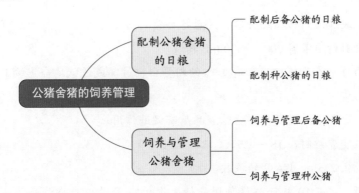

项目测试

一、单项选择题

1. 种公猪舍的合适室温是（　　）℃。

    A. 18 ~ 20　　　　B.15 ~ 20　　　　C.10 ~ 20　　　　D.15 ~ 18

2. 后备公猪达（　　）月龄，体重达 120 kg 以上，体况良好即可开始调教采精。

    A.7 ~ 9　　　　B.15 ~ 20　　　　C.10 ~ 20　　　　D.15 ~ 18

3. 对于难以调教的公猪，可实行多次短暂训练，每周 4 ~ 5 次，每次

（　　）min。

    A.15 ~ 20　　　　B.10 ~ 20　　　　C.8 ~ 15　　　　D.10 ~ 15

4. 我国地方品种公猪的初配年龄为（　　）月龄，体重达 50 ~ 70 kg。

    A.8 ~ 10　　　　B.10 ~ 12　　　　C.8 ~ 9　　　　D.9 ~ 12

5. 国外引进品种公猪的初配年龄为（　　）月龄，体重为 100 ~ 120 kg。

    A.8 ~ 10　　　　B.10 ~ 12　　　　C.8 ~ 9　　　　D.9 ~ 12

6. 青年公猪要增加日粮（　　）。

    A.10% ~ 20%　　　B.10% ~ 12%　　　C.8% ~ 9%　　　D.9% ~ 12%

7. 种公猪出现下列哪种情况应淘汰？（　　）

    A. 患生殖器官疾病，无法治愈

    B. 精液品质不良，如精子活力 0.5 以下，浓度低于 0.8 亿个 /mL

    C. 配种受胎率 70% 以下

    D. 有肢蹄疾患，不能正常爬跨

8. 种公猪的管理不包括（　　）。

    A. 限制运动　　　B. 称重　　　　C. 精液品质检查　　D. 猪体卫生

二、判断题

1. 从仔猪育成阶段到初次配种前，是后备公猪的培育阶段。　　（　　）

2. 公猪一次射精通常有 200 ～ 500 mL 精液。　　（　　）

3. 种公猪的每千克日粮中应含有 14% 的粗蛋白，过高或过低均会影响其精液中精子的密度和品质。　　（　　）

4. 锌、碘、钴和锰对提高种公猪精液品质有促进作用。　　（　　）

5. 公猪舍温度应控制在 18 ～ 25 ℃。　　（　　）

6. 公猪一般从 7 ～ 8 月龄开始调教。　　（　　）

7. 一般来说，9 ～ 10 月龄公猪每周采精 1 次，10 月龄以上公猪每隔 3 天采精 1 次。　　（　　）

8. 种公猪的使用年限一般为 3 ～ 4 年，最多 5 年。　　（　　）

三、填空题

1. 后备公猪的饲料要求原料品种_____，保证营养全面；注意_____ 和_____ 的比例。

2. 种公猪舍适宜的相对湿度为_____。

3. 种用公猪的使用强度是根据种用公猪的_____和_____来确定的。

4. 饲喂种公猪的饲料要尽量减少日粮的体积，一般日粮体积占体重的_____。

5. 好的种公猪应具备的两个基本能力：一是_____；二是_____。

6. 要养好种公猪，必须做到正确的_____、科学的_____、合理的_____。

7._____是增强公猪体质、提高配种能力、保证良好精液品质的有效措施。

8. 在使用后备公猪时，一定要注意后备公猪的_____和_____。

9. 一般瘦肉型品种后备公猪的初配年龄在_____。

四、简答题

1. 种公猪有哪些生理特点？

2. 怎样才能管理好种公猪？

母猪舍猪的饲养管理

【项目导入】

母猪舍猪的饲养管理主要包括对后备母猪的饲养管理、空怀母猪的饲养管理、妊娠母猪的饲养管理、哺乳母猪的饲养管理及哺乳仔猪、断奶仔猪的饲养管理。

俗话说："母猪好，好一窝。"母猪是繁殖场的基础，母猪舍猪的饲养管理是一个猪场的核心内容，母猪的繁殖力是影响猪场经济效益的重要指标。母猪饲养得好不好直接影响初生仔猪和哺乳仔猪的质量。母猪生产是一个连续不断的过程，一环扣一环，某个生产环节的饲养管理问题会直接影响下一个生产环节，甚至影响母猪终生繁殖性能。

"出生重一两，断奶重一斤，出栏重十斤。"这句谚语形象地表明，要养好育肥猪，必须养好哺乳仔猪，提高哺乳仔猪的断奶体重；而要养好哺乳仔猪，又必须养好怀孕母猪，提高仔猪的出生体重。因为出生体重越大，生活力越强，生长速度越快；断奶体重越高，育肥增重越快，饲料报酬越高。

因此，作为母猪舍猪饲养管理者，要深刻认识到新生命孕育复杂而艰难的过程，通过爱屋及乌之理，以感恩之心善待万物，培养热爱生命、保护生命、爱护动物的情感。充分了解母猪舍不同阶段的母猪、哺乳仔猪、断奶仔猪的生理发育特点，掌握其生长发育规律，弄懂母猪舍不同阶段、不同类型猪的饲养要求，引入先进的养殖技术和设备，制订合理且可操作的饲养管理措施，秉承耐心、爱心、细心、科学、严谨、不怕苦的精神，树立强农兴牧的专业责任感，科学智慧地饲养母猪舍猪，才能充分发挥母猪舍的基础作用，提高猪场的效益，为振兴乡村产业做出积极贡献。

本项目将学习2个任务，即配制母猪舍猪的日粮；饲养与管理母猪舍猪。

| 任务一　配制母猪舍猪的日粮 |

任务描述

小张进入母猪舍工作后，场长要求小张根据母猪舍不同类型的猪的营养需要特点，配制或选择适宜的母猪舍猪的日粮，以便更好地促进母猪舍各类猪群的健康生长。

任务目标

知识目标：

1. 能说出后备母猪、空怀母猪、妊娠母猪、哺乳母猪、哺乳仔猪、断奶仔猪的营养需要特点；

2. 能说出后备母猪、空怀母猪、妊娠母猪、哺乳母猪、哺乳仔猪、断奶仔猪的日粮配制方法。

技能目标：

会配制或选择后备母猪、空怀母猪、妊娠母猪、哺乳母猪、哺乳仔猪、断奶仔猪的日粮。

※ 任务准备

一、配制后备母猪的日粮

（一）后备母猪的营养需求

母猪舍猪类型
及营养需求

后备母猪由于没有生产负担，所需营养要比其他母猪少，但日粮中营养元素仍应根据饲养标准和母猪的具体情况进行配制，要求全价，主要满足能量、蛋白质、矿物质、维生素、水的供给。

1. 能量

后备母猪需要充足的能量来支持其生长和发育以及维持体内储备。能量主要通过主粮中的碳水化合物提供，如谷物、玉米等。能量需求随着体重和生长阶段的增加而逐渐增加。

2. 蛋白质

适量的蛋白质摄入对后备母猪的骨骼和肌肉生长发育至关重要。常用的蛋白质来源包括豆粕、鱼粉等。蛋白质含量应根据体重和生长阶段逐渐增加。

3. 矿物质和维生素

适当的矿物质和维生素摄入对后备母猪的骨骼健康、免疫力和繁殖健康至关重要。常见的矿物质包括钙、磷、锌等，常见的维生素包括维生素 A、D、E 等。可以通过添加富含矿物质和维生素的饲料来满足后备母猪的需求。

4.水

后备母猪需要充足的水来满足日常代谢和饮水需求。清洁新鲜的饮用水供应应始终保持，以确保其健康和营养平衡。

后备母猪要特别重视蛋白质的供给，既考虑数量，又考虑品质，一般要求饲料粗蛋白质为12%。如蛋白质供应不足或品质不高，就会影响卵子的正常发育，排卵数减少，受胎率降低，在哺乳期间配种的母猪应酌情增加蛋白质的供给量。

（二）后备母猪的日粮配制

后备母猪的日粮配比见表4-1（仅供参考）。

表4-1　后备母猪的日粮配比

原　料	配比/%	主要成分及含量	
玉米	58.00	消化能/（MJ·kg⁻¹）	11.55
肉骨粉	9	粗蛋白/%	15.2
饲料酵母	6	粗纤维/%	2.4
菜籽粕	5	钙/%	0.91
啤酒糟	10	磷/%	0.69
粉渣	10	赖氨酸/%	0.7
骨粉	1	蛋氨酸/%	0.24
添加剂	0.6	胱氨酸/%	0.23
食盐	0.4		

二、配制空怀母猪的日粮

（一）空怀母猪的营养需求

空怀母猪需要供给营养全面的饲料，如果饲料营养不全，蛋白质供应不足，就会影响卵子的正常发育，使排卵量减少，降低受胎率。一般情况下每千克日粮中，蛋白质供应量应占12%，而且在蛋白质的组成中还应有一定数量的动物蛋白。同时，还要满足母猪对各种矿物质和维生素的需要，使母猪保持适度的膘体和充沛的精力。

初产空怀母猪仍处于身体发育阶段，需饲喂能满足其最佳骨骼沉积所需钙磷水平的全价饲料。

1.能量

空怀母猪需要适量的能量来维持其日常代谢和体内储备。能量主要通过主粮中的碳水化合物提供，如谷物、玉米等。能量摄入量应根据体重和维持成年母猪状态的需求而确定。

2.蛋白质

蛋白质是空怀母猪的重要营养素之一，可帮助维持肌肉组织和支持身体功能。蛋白质含量应符合空怀母猪的生理需求，并根据体重进行调整。

3.矿物质和维生素

矿物质和维生素对维持空怀母猪的健康和正常生理功能非常重要。例如，钙和磷是维持骨骼健康所必需的矿物质。维生素 A、D、E 等则对身体各个系统的运行起到关键作用。为了满足矿物质和维生素的需求，可以在日粮中添加相应的添加剂。

4.纤维

空怀母猪需要适量的纤维摄入来维持肠道健康和促进消化。纤维可以通过添加秸秆或其他纤维源来提供。

5.水

空怀母猪需要充足饮水以满足日常代谢和水分需求。干净新鲜的饮用水应始终可供应。

（二）空怀母猪的日粮配比

空怀母猪的日粮配比见表 4-2（仅供参考）。

表 4-2　空怀母猪的日粮配比

原料	配比 /%	主要成分含量	
玉米	65.21	消化能 /（MJ·kg^{-1}）	11.93
次粉	13	粗蛋白 /%	12.82
麸皮	3	钙 /%	0.7
稻谷	5	磷 /%	0.6
豆饼	1	—	—
鱼粉	1	—	—
石粉	0.8	—	—
食盐	0.3	—	—
磷酸氢钙	1.7	—	—
添加剂预混料	1	—	—

三、配制妊娠母猪的日粮

（一）妊娠母猪的营养需求

根据胚胎发育的规律性，母猪妊娠前期、中期不需要高营养水平，但营养必须保持全价，特别是保证各种维生素和矿物元素的供给；同时保证饲料的品质优良，不喂发霉、变质、有毒、有害、冰冻饲料及冰水。母猪妊娠后期必须提高营养水平，适当增加蛋白质饲料，同时保证饲料的全价性。

怀孕母猪的饲养必须从保持母猪良好的体况和保证胎儿正常发育两方面考虑。所以必须满足其营养需求，特别是对能量、蛋白质、矿物质、维生素、Omega-3 脂肪酸、纤维、水的需要。

1.能量

妊娠母猪需要适量的能量来支持自身的代谢以及胎儿的生长和发育。能量来源可以是主粮，如谷物、玉米等中的碳水化合物。能量供给量应根据妊娠阶段和体重进行调整。

2.蛋白质

妊娠母猪需要摄取足够的蛋白质来支持自身的组织修复和为胎儿提供足够的营养。常用的蛋白质来源包括鱼粉、豆粕等。蛋白质含量应根据妊娠阶段和体重进行调整。

3.矿物质和维生素

妊娠母猪需要适当的矿物质和维生素来维持身体健康和支持胎儿的正常发育。常见的矿物质包括钙、磷、锌等，常见的维生素包括维生素 A、D、E 等。可以通过添加含矿物质和维生素的饲料来满足其需求。

4.Omega-3 脂肪酸

Omega-3 脂肪酸对胎儿的神经发育和免疫系统的支持至关重要。常见的 Omega-3 脂肪酸来源包括鱼油、亚麻籽等。

5.纤维

适量的纤维摄入有助于维持肠道健康和帮助消化，可以通过添加秸秆或其他纤维源来提供。

6.水

妊娠母猪需要充足的饮用水来满足日常代谢，同时饮用水也有助于体温调节和产仔的顺利进行。干净新鲜的饮用水应始终供其饮用。

（二）妊娠母猪的日粮配制

妊娠母猪的日粮配比见表 4-3、表 4-4（仅供参考）。

表 4-3　妊娠母猪（0 ~ 90 日龄）的营养需要

原料	配比 %	主要成分含量	
玉米 /（MJ·kg^{-1}）	54.00	消化能 /（MJ·kg^{-1}）	11.92
麦麸 /（MJ·kg^{-1}）	25	粗蛋白 /%	12.4
豆油 /%	1	消化粗蛋白 /g	85
豆粕 /%	13	粗纤维 /%	10.7
磷酸氢钙 /%	1	钙 /%	0.80
石粉 /%	1.5	磷 /%	0.58
食盐 /%	0.4	赖氨酸 /%	0.51
赖氨酸 /%	0.1	蛋氨酸 + 胱氨酸 /%	0.54
预混料 /%	4	—	—

表 4-4　妊娠母猪（90 ~ 114 日龄）的营养需要

原料	配比 %	主要成分含量	
玉米（MJ·kg^{-1}）	50.2	消化能 /（MJ·kg^{-1}）	12.97
麦麸（MJ·kg^{-1}）	24	粗蛋白质 /%	15
豆油 /%	1.5	钙 /%	0.9
豆粕 /%	17	磷 /%	0.8

续表

原 料	配 比 %	主要成分含量
磷酸氢钙 /%	1.5	添加剂： 多维添加剂 50 g/t 亚硒酸钠 3 g/t 硫酸锌 200 g/t 硫酸亚铁 300 g/t 硫酸铜 50 g/t
石粉 /%	1.2	
食盐 /%	0.4	
赖氨酸 /%	0.2	
预混料 /%	4	

四、配制哺乳母猪的日粮

（一）哺乳母猪的营养需求

哺乳母猪日粮应优质全价，为了提高泌乳力，哺乳母猪饲料应以能量、蛋白质为主，哺乳母猪的能量需要为 12.13 MJ/kg，粗蛋白质占 14%，同时要保证各种氨基酸、矿物质和维生素的需要。

1.能量

哺乳母猪需要较高的能量来维持自身的代谢以及乳汁的产生。能量供给可以通过主粮，如谷物、玉米等中的碳水化合物提供。能量供给量应根据哺乳阶段、产仔数和体重进行调整。

2.蛋白质

哺乳母猪需要摄取足够的蛋白质来支持乳汁的产生和仔猪的生长。常用的蛋白质来源包括鱼粉、豆粕等。蛋白质含量应根据哺乳阶段、产仔数和体重进行调整。

3.矿物质和维生素

哺乳母猪需要适当的矿物质和维生素来维持身体健康、支持乳汁的产生和仔猪的正常生长发育。常见的矿物质包括钙、磷、锌等，常见的维生素包括维生素 A、D、E 等。可以通过添加矿物质和维生素的饲料来满足其需求。

4.Omega-3 脂肪酸

Omega-3 脂肪酸对乳汁的营养价值以及仔猪的神经发育和免疫系统的支持至关重要。常见的 Omega-3 脂肪酸来源包括鱼油、亚麻籽等。

5.纤维

适量的纤维摄入有助于维持肠道健康和帮助消化。可以通过添加秸秆或其他纤维源来提供。

6.水

哺乳母猪需要充足的饮用水来满足日常代谢、泌乳和水分需求，同时也有助于体温调节。干净新鲜的饮用水应持续供应。

（二）哺乳母猪的日粮配比

哺乳母猪的日粮配比见表 4-5（仅供参考）。

表 4-5　哺乳母猪的日粮配方

原料	配比 %	主要成分含量	
玉米	55.00	消化能 / (MJ·kg^{-1})	12.13
麦麸	8	粗蛋白 /%	14
面粉	3	消化粗蛋白 /g	85
豆油	1.5	粗纤维 /%	10.7
豆粕	20	钙 /%	0.80
发酵豆粕	3.5	磷 /%	0.58
鱼粉	2	赖氨酸 /%	0.51
磷酸氢钙	1.5	蛋氨酸 + 胱氨酸 /%	0.54
石粉	1	—	
食盐	0.4	—	
赖氨酸	0.1	—	
预混料	4	—	
合计	100	—	

五、配制哺乳仔猪的日粮

（一）哺乳仔猪的营养需求

哺乳仔猪所需能量有两方面来源：母乳和仔猪料。因每头母猪泌乳量和乳质不同，所提供的能量也就不同，需要外界提供的能量也就不同。一般产后 21 天左右，母猪泌乳量就已经不能满足仔猪生长的营养需要，为了保证仔猪的健康生长，从仔猪 3 周龄开始需进行补饲。仔猪料以能量、蛋白质为主，辅以矿物质、维生素、水、添加剂等。

1. 能量

哺乳仔猪需要高能量的饲料来支持其生长和发育。能量供给可以通过主粮，如谷物、玉米等中的碳水化合物提供。哺乳仔猪特别需要高能量的饲料，以满足其快速生长的需求。

2. 蛋白质

蛋白质是哺乳仔猪生长所必需的重要营养素，用于肌肉和组织的发育。蛋白质含量应适应其年龄和生长阶段的需要。常见的蛋白质来源包括鱼粉、豆粕等。

3. 矿物质和维生素

哺乳仔猪需要适量的矿物质和维生素来维持骨骼、免疫系统和其他生理功能的正常发育。常见的矿物质包括钙、磷、锌等，常见的维生素包括维生素 A、D、E 等。可以通过添加矿物质和维生素的饲料来满足其需求。

4. 水

哺乳仔猪需要充足的饮用水以满足其日常代谢、消化和水分需求。清洁新鲜的饮用水应持续供应。

5. 添加剂

在哺乳仔猪的饲料中，可能需要添加一些饲料添加剂，如预防性抗生素、益生菌等，以促进形成健康的消化和免疫系统。

（二）哺乳仔猪的日粮配比

哺乳仔猪的日粮配比见表4-6（仅供参考）。

表4-6　哺乳仔猪的日粮配方

原　料	配 比 %	主要成分含量	
玉米	37.6	消化能 /（MJ·kg^{-1}）	14.21
膨化玉米	8	粗蛋白 /%	26
面粉	10	赖氨酸 /%	1.5
乳清粉	5	钙 /%	0.9
血浆蛋白粉	2	磷 /%	0.7
豆粕	20	矿物质、微量元素： 钾 3 g/kg 氯 2.52 g/kg 铁 60 mg/kg 铜 3 ~ 6 mg/kg 锌 100 mg/kg 硒 0.3 mg/kg 锰 4 mg/kg	
豆油	1		
发酵豆粕	7		
鱼粉	2		
磷酸氢钙	2		
石粉	0.5		
蛋氨酸	0.2		
赖氨酸	0.5		
苏氨酸	0.1	维生素： 维生素 A 20 000 IU/kg 维生素 D 2 000 IU/kg 维生素 K 2 mg/kg 维生素 E 10 mg/kg	
氯化胆碱	0.1		
预混料	4		

六、配制断奶仔猪的日粮

（一）断奶仔猪的营养需求

断奶仔猪处于快速生长发育阶段，一方面对营养需求特别大，另一方面消化器官机能还不完善。仔猪断奶后，要喂给高蛋白质、高能量和含丰富维生素、矿物质的饲料，应控制含粗纤维素过多的饲料，注意添加剂的补充，降低日粮抗原物质。常选用营养全面、消化率高、适口性好的乳猪配合饲料，促进仔猪多采食，提高仔猪个体体重，获得好的经济效益。

1. 蛋白质

断奶仔猪需要高质量的蛋白质供给以支持肌肉生长和组织修复。推荐蛋白质含量在18% ~ 22%。蛋白质来源可包括豆粕、鱼粉、麦麸等。

2. 能量

断奶仔猪需要足够的能量来满足其生长和活动需求。高能量食物可以提供足够的热量，推荐能量含量在 3 300 ~ 3 600 kcal/kg。

3. 碳水化合物

碳水化合物是断奶仔猪的主要能量来源。推荐将饲料中碳水化合物含量控制在 45% ~ 50%。

4. 脂肪

适量的脂肪可以提供额外的能量，并促进维生素吸收。推荐脂肪含量在 3% ~ 5%。

5. 维生素和矿物质

断奶仔猪需要维生素和矿物质来维持正常的生长和代谢。特别是维生素 A、D、E、K 和 B 族维生素，以及钙、磷、铁、锌等矿物质。

6. 添加剂

为使断奶仔猪尽快适应断奶后的饲料，减少应激，提高体重，需在仔猪饲料中添加饲料添加剂，常用的有调味剂、复合酶、有机酸、乳清粉、油脂等。

（二）断乳仔猪的日粮配比（仅供参考）

断乳仔猪的日粮配比见表 4-7（仅供参考）。

表 4-7　断乳仔猪的日粮配方

原　料	配　比 %	主要成分含量	
玉米	37.6	消化能 /（MJ·kg^{-1}）	13.85
膨化玉米	8	粗蛋白 /%	19
面粉	10	赖氨酸 /%	0.78
乳清粉	5	钙 /%	0.64
血浆蛋白粉	2	磷 /%	0.54
豆粕	20	食盐 /%	0.23
豆油	1		
发酵豆粕	7		
鱼粉	2		
磷酸氢钙	2	添加剂：	
石粉	0.5	调味料 200 ~ 500 g/t	
蛋氨酸	0.2	复合酶（植酸酶）	
赖氨酸	0.5	延胡索酸 1.5% ~ 2%（柠檬酸 1% ~ 3%）	
苏氨酸	0.1	乳清粉 15% ~ 20%	
氯化胆碱	0.1	油脂 4% ~ 6%	
预混料	4		

※ 任务实施

配制或选择后备母猪料

1. 目标

会根据后备母猪的营养需要配制或选择适宜的后备母猪日粮。

2. 材料

饲料添加剂、饲料原料、不同蛋白质饲料。

3. 操作步骤

（1）后备母猪日粮的配制　①查后备母猪营养标准；②选择确定饲料原料；③计算机计算配方；④称量原料；⑤粉碎原料；⑥混合并加入添加剂；⑦制粒；⑧风干；⑨包装储藏。

（2）后备母猪饲料的选择　①调查后备母猪饲料品牌；②检查后备母猪饲料质量；③分析后备母猪饲料；④营养成分；⑤确定后备母猪饲料的品牌选择。

※ 任务评价

"配制或选择后备母猪料"考核评价表

考核内容	考核要点	得分	备注
后备母猪日粮的配制（50分）	1. 后备母猪营养需要（20分） 2. 原料质量鉴别（20分） 3. 选择适宜的配制方法（10分）		
后备母猪饲料的选择（50分）	1. 能量水平要求（20分） 2. 蛋白质水平要求（20分） 3. 钙磷水平要求（10分）		
总分			
评定等级	□优秀（90～100分）；□良好（80～89分）；□一般（60～79分）		

任务反思

1. 后备母猪、空怀母猪、妊娠母猪、哺乳母猪的营养需要特点。

2. 哺乳仔猪、断奶仔猪的营养需要特点。

任务二　饲养与管理母猪舍猪

任务描述

　　母猪舍猪的饲养管理是确保种猪繁殖质量和效益的关键，母猪是猪场持续良性发展的必备条件。只有对母猪进行科学选择和饲养，合理选配，才能提高养猪业的经济效益。小王所在的猪场迎来了新一轮的母猪分娩高峰，为提高母猪的繁殖性能，场长安排小王今天参加母猪的发情鉴定、人工授精、妊娠检查及接产等工作。

任务目标

　　知识目标：

　　1. 能说出后备母猪、空怀母猪、妊娠母猪、哺乳母猪、哺乳仔猪、断奶仔猪的管理要点；

　　2. 能说出后备母猪、空怀母猪、妊娠母猪、哺乳母猪、哺乳仔猪、断奶仔猪的行为及生理特点。

　　技能目标：

　　1. 会对母猪进行正确的查情；

　　2. 会对后备母猪、空怀母猪、妊娠母猪、哺乳母猪、哺乳仔猪、断奶仔猪进行正确的饲养管理。

※ 任务准备

一、饲养与管理后备母猪

（一）后备母猪行为及生理特点

　　后备母猪是指未曾怀孕或曾怀孕但尚未产仔的母猪。以下是有关后备母猪的行为和生理特点。

　　1. 发情行为

　　后备母猪会表现出周期性的发情行为，通常每21天发生一次。在发情期间，会变得不安、焦躁，并表现出明显的性行为，如跳动、站立、留群排尿等。

　　2. 食欲变化

　　发情期间，后备母猪的食欲可能会减退或暂时停食（图4-1），这是正常的生理变化。

　　3. 体温变化

　　发情前后一到两天，后备母猪的体温会略微升高。

　　4. 外观变化

　　发情时，后备母猪的外阴部会出现充血和肿胀，乳头也会变得充血红润。

5.行为变化

在母猪排泄方式上，发情的后备母猪更倾向于蹲姿排尿，而非站立。

6.社交行为（图4-2）

后备母猪在发情期间会更加主动地寻求与其他猪的社交接触，特别是与公猪（图4-3）。

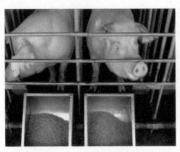

图4-1 采食减少　　　　　图4-2 社交行为

图4-3 亲近公猪

7.背膘变化

后备母猪在发情周期的后半段会出现明显的背膘增加，这是准备进入怀孕状态的迹象。

（二）后备母猪入栏前准备工作

1.后备母猪隔离检测

对后备母猪全部采血检测，根据抗原和抗体检测结果，制订隔离期间的免疫程序与保健方案。隔离期结束，全群采血检测合格后，才能调进生产线，执行后备猪的免疫程序。

2.后备母猪栏舍准备

栏舍彻底清扫并用清水冲洗，干燥后用3%～4%烧碱溶液消毒1 h。

3.设备检查

检修好栏舍的电路、电器、通风换气设备及饮水器、供料系统、门窗等设备后，用消毒液喷雾消毒，干燥待用。

4.准备并消毒工具

准备足够的扫把、铁铲等工具，并进行彻底清洗和用指定消毒液浸泡消毒，干燥后备用。

5.防蚊、鼠和鸟

做好防蚊、防鼠和防鸟措施。

（三）后备母猪的饲养要点

1. 确保饲料质量

喂料前观察饲料颜色、颗粒状态，嗅闻气味等，发现异常及时报告并加以处理。

2. 清理食槽

喂料前清理食槽，处理剩余饲料，将食槽清洗干净。

3. 后备母猪的采食量

根据后备母猪的类型及生长发育阶段投放饲料，一般在后备母猪配种前 10 ~ 14 d，在原饲料的基础上，适当增加精料 1 ~ 2 kg，配种结束后再恢复至原来水平。

（四）后备母猪的管理要点

1. 环境管理

（1）温湿度　后备母猪舍的温度宜控制在 15 ~ 23 ℃，防止冷风突然袭击及贼风侵袭；猪舍内温度较高（达 30 ℃以上）时，应对猪只进行冲洗，配合开启风机降温，也可用滴水等降温系统；湿度控制在 65% ~ 75%，并做好猪舍温湿度记录。

（2）通风　注意舍内有害气体浓度，根据人的感觉及时调整通风系统，经常打开走道上的风门。

（3）圈舍卫生　每天上午、下午各做一次粪便清扫，实行干稀分流，并定期对圈舍进行彻底冲洗清洁。同时，防止蚊子、苍蝇滋生，并放置灭鼠药，消灭老鼠。

2. 猪群管理

（1）后备猪健康管理要点　每天早上，逐栏检查每一头猪，并对异常猪只进行标识，跛脚和瘦弱的猪只现场调至护理栏，每天治疗并重点观察。

每周按照免疫和保健计划进行，定期完成血检；注意 7 周龄前需要将仔猪抱起来注射，15 周龄前需要将猪拦起来注射，15 周龄之后直接注射。

（2）诱情、查情

①诱情（图 4-4）。后备母猪在 24 周龄开始，连续诱情 3 周，每天诱情 2 次，每栏放一头诱情公猪并每天更换公猪，同时拍打母猪起来与其接触，并对发情母猪进行标记，将发情时间记录在后备母猪卡片上，1 头诱情公猪可刺激 30 头后备母猪。

母猪发情鉴定
及表现

图 4-4　诱情

②查情（图 4-5）。后备母猪在 27 ~ 29 周龄时，每天上午使用诱情公猪逐栏查情一次，每栏时间 10 ~ 15 min，记录发情母猪。查完情后再将诱情公猪放至各栏进行诱情，每天重复操作，并将发情母猪统一转至配怀舍。

采用人工查情（图 4-6）和公猪诱情相配合：首先用拦猪板将诱情、查情公猪赶至配种妊娠舍，让公猪在定位栏前面移动与后备母猪直接接触进行诱情刺激；其次，查情人员对母猪进行逐头检查，观察公猪、母猪性行为表现。

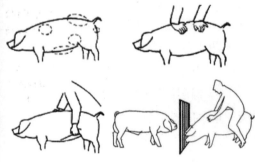

图 4-5　查情　　　　　　　　　　　　　图 4-6　人工查情按摩部位

（3）母猪发情表现

①一查母猪静立反射情况。发情母猪对公猪敏感，公猪路过、接近以及公猪的叫声、气味都会引起母猪的如下反应：眼发呆，尾翘起、颤抖，头向前倾，颈伸直，耳竖起（直耳品种），推之不动，喜欢接近公猪。此时查情人员对母猪背部、耳根、腹侧和乳房等敏感部位进行触摸、按压就会出现呆立不动的静立反射（图 4-7），甚至查情人员骑在母猪背部它也会不动。

②二查母猪阴门内的液体。发情后，母猪阴门内常流出一些黏性液体，初期似尿，清亮；盛期颜色加深为乳样浅白色，有一定黏度（图 4-8），后期黏稠略带黄色，似小孩鼻涕样。以母猪阴门内的黏液及黏液的颜色鉴定发情配种：掰开阴户，戴上薄膜手套拈取黏液，如无黏度则太早；如有黏度且能拉成丝、颜色为浅白色则可即时配种；如黏液变得黏稠且呈黄白色，则已过了最佳配种时机，这时多数母猪会拒绝配种。

③三查母猪阴门变化。发情母猪阴门肿胀（图 4-9），其颜色变化为白粉→粉红→深红→紫红色；其状态变化为肿胀→微缩→皱缩。以母猪阴门颜色、肿胀变化鉴定发情

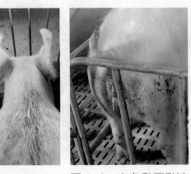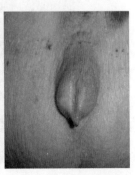

图 4-7　静立反射　　　　图 4-8　白色黏稠黏液　　　图 4-9·阴门红肿

配种：颜色粉红、水肿时尚早；最佳配种时机为深红色，水肿稍消退，有稍微皱褶时；紫红色、皱缩特别明显时已过配种时机。

3.后备母猪的一日饲养管理工作

（1）8：00—12：00原则上为工作时间，冬、春季上下班时间适当调整，工作日程如下：

第一步：巡查猪只、猪舍设施、设备、水电等情况；

第二步：清理、清洗食槽，投喂饲料，检查饮水供给是否正常；

第三步：进行除粪等清洁卫生工作；

第四步：饲喂饲料半小时后使用诱情公猪检查母猪是否发情（返情），并让发情母猪配种；

第五步：完成调栏等工作及配合完成其他事项；

第六步：巡查处理猪舍水电、门窗等设施设备、猪只、饲料等状况，下班。

（2）14：00—18：00原则上为工作时间，冬、春季上下班时间适当调整，工作日程如下：

第一至第五步同上午日程；

第六步：完成报表、工作日报等记录报告；

第七步：巡查处理猪只、猪舍设施设备、水电等，下班。

二、饲养与管理空怀母猪

（一）空怀母猪行为及生理特点

空怀母猪是指未配种或配种未孕的母猪，包括青年后备母猪和经产母猪。后备母猪配种前10天左右和经产母猪从仔猪断奶到发情配种3～10天，习惯上称为母猪的空怀期，这段时间相对于母猪的整个生产循环来说是比较短暂的。

对于后备母猪来说，空怀阶段就是要满足猪生长发育所需的全面营养，使生殖系统发育健全，达到产仔的最佳状态；经产空怀母猪根据其身体状况又分为不同的情况：

（1）有些母猪在哺乳期消耗大量的贮备物质用于哺乳，致使体况明显下降，瘦弱不堪，严重影响了母猪的繁殖功能，不能正常发情排卵；

（2）有些母猪哺乳期采食大量精料，泌乳消耗少，导致母猪因营养过剩而肥胖，使繁殖功能失常而不能及时发情配种；

（3）有些母猪在哺乳期患病造成母猪发情不正常。

（二）空怀母猪入栏前准备工作

（1）栏舍清洁和消毒。

（2）设备检查。检修好栏舍的电路、电器、通风换气设备、饮水器、供料系统和门窗等设备后，用消毒液喷雾消毒，干燥待用。

（3）准备足够的扫把、铁锹等工具，并进行彻底清洗和用指定消毒液浸泡消毒，干燥后备用。

（4）做好防蚊、防鼠和防鸟措施。

（三）空怀母猪饲养要点

空怀阶段的饲养目标是管理母猪体况，空怀母猪包括经产的空怀母猪和初产的后备母猪。经产的空怀母猪刚刚经历一个哺乳期，体能消耗很大，急需营养补充。初产的后备母猪本身还没有达到体成熟，自身还在生长，又要为仔猪的生长发育和泌乳作准备，对营养的需求也很大。因此，应该加强对这两类母猪的饲养管理。

1.确保饲料质量

喂料前检查饲料质量，观察颜色，颗粒状态、气味等，发现异常及时报告并加以处理。

2.清理食槽

喂料前清理食槽，处理剩余饲料，将食槽清洗干净。

3.饲喂标准

空怀母猪日喂2次，根据测定的背膘厚度，按表4-8相应标准进行饲喂。

表4-8　空怀母猪饲喂标准

体况	背膘厚度	饲喂量/（kg·d^{-1}）
适宜	14 ~ 20 mm	2.3
偏瘦	< 14 mm	2.9
偏肥	> 20 mm	2.1

4.其他

投喂饲料后，要观察种猪采食情况，将吃不完的料清理到需要饲料的种猪食槽内，并记录下采食不正常猪只，分析其健康状况及原因。

（四）空怀母猪管理要点

1.环境管理

（1）温度和湿度　配种妊娠舍的温度宜控制在15 ~ 20 ℃，防止冷风突然袭击及贼风侵袭；猪舍内温度较高（达30 ℃以上），对猪只进行冲洗，配合开启风机降温，也可用滴水等降温系统。湿度控制在60% ~ 70%，做好猪场猪舍温湿度记录。

（2）通风　注意舍内有害气体浓度，根据人的感觉及时调整通风系统，经常打开走道上的风门。

（3）圈舍卫生　每天上下午各做一次粪便清扫，实行干稀分流，并定期对圈舍进行彻底冲洗清洁。同时，防止蚊子、苍蝇滋生，并放置灭鼠药，消灭老鼠。

2.猪群管理

（1）小群饲养（图4-10）　小群饲养是指4 ~ 6头猪关一栏。实践证明，群养空怀母猪可促进发情，空怀母猪以群养单饲为好（图4-11），通常每头母猪所需要面积至少1.6 ~ 1.8 m²，要求舍内光线良好，地面不要过于光滑，防止跌倒摔伤和损伤肢蹄。目前为了提高圈舍的利用率，越来越多的猪场采用单栏限位饲养，限位面积每头母猪至少0.65 m×2 m。

图 4-10　单栏限位饲养

图 4-11　小群饲养

（2）做好选择淘汰　对生产性能不佳的母猪定期进行淘汰，保持合适的胎龄结构是提高生产指标、节约生产管理成本的有效方法，正常情况下，母猪可利用 7～8 胎，年更新率为 30% 左右，有下列情形之一者应淘汰（表 4-9）。

表 4-9　母猪淘汰标准

问题	淘汰标准
总产仔数异常	连续 2 胎低于 7 头或全产死胎
泌乳异常	连续 2 胎少乳或无乳（正常饲养管理）
不发情	断奶后两个情期不能发情配种
母性差	食仔或咬人
疾病	猪瘟、口蹄疫、非洲猪瘟、猪链球菌病等烈性传染病或其他难以治愈的疾病
	肢蹄损伤
体况	体型过大，行动不灵活，压踩仔猪
产仔异常	后代有畸形或后代的生长速度及胴体品质指标均低于群体平均水平

（3）查情　同后备母猪查情方法。

（4）适时配种　后备母猪经过适宜的发情刺激后，进入配种舍 7 天左右就会发情。正常情况下，母猪断奶后催情补饲 4～6 天就可以发情。

通常，母猪的发情经历 4 个时期：发情初期，发情高潮期，适配期和低潮期。各阶段的表现见表 4-10。

母猪配种技术

表 4-10　母猪发情期表现

发情期	阴户变化	阴户黏液	静立反射	母猪状态	持续时间	是否配种
发情初期 （图 4-12）	肿胀、潮红	稀薄、清亮	无	不安静	8～12 小时	否
发情高潮期 （图 4-13）	肿胀、深红	黏稠、白色	只在公猪前有	不安静	8～12 小时	否
适配期 （图 4-14）	出现皱褶、深红	黏稠、浅黄色	在人前有	安静、发呆	12～24 小时	是
低潮期 （图 4-15）	正常、灰白	黏稠、黄白色	只在公猪前有	不安静	12～24 小时	否

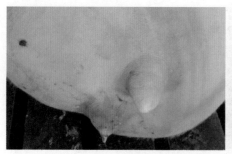
图4-12　发情初期

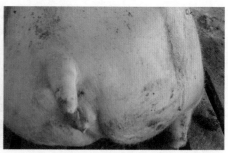
图4-13　发情高潮期

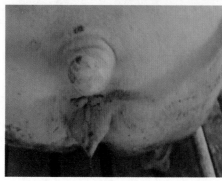
图4-14　适配期

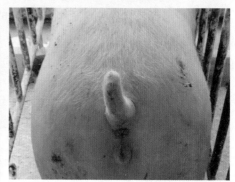
图4-15　低潮期

在猪场的实际管理中，我们发现母猪的发情特征和适配的时间都是存在个体差异的。因此，表4-10的内容是一个普遍的判断标准。

（5）配种方式　母猪配种常采用本交和人工授精或两者相结合。生产中常用的交配方式有4种，即单次配种、重复配种、双重配种和多次配种。

母猪配种方式见表4-11。

表4-11　母猪配种方式

配种方式	特点
单次配种	在一个发情期内，只用一头公猪（或精液）交配一次。此方法必须是有经验的饲养员在充分掌握母猪的最佳配种时期的情况下使用，可获得较高受胎率，并减轻公猪负担，提高公猪利用率。缺点是：一旦适宜配种期没有掌握好，受胎率和产仔率都将受到影响
重复配种	在一个发情期内，用一头公猪（或精液）先后间隔8～24小时配种两次。这种方式下母猪先后排出的卵子都能受精，故能提高受胎率和产仔率。在生产中，对经产母猪都采用这种方法
双重配种	在一个发情期内，用同一品种或不同品种的两头公猪（或精液）先后间隔10～15分钟各配种一次。这种方式可提高母猪受胎率、产仔数以及仔猪整齐度和健壮程度，适用于商品肉猪场
多次配种	在一个发情期内，用同一头公猪（或精液）先后配种3次以上。产仔数随配种次数的增加而增加。此方法适用于初配母猪或某些刚引入的国外品种，但是配种次数不能超过4次，因为配种次数过多，会造成公猪、母猪过于疲劳，影响公猪性欲和精液品质，使精液变稀、精子发育不成熟，精子活力差

（6）人工授精方法

①准备配种器械。准备配种车，其中有已准备好的精液贮存箱、输精管、润滑剂、卫生纸、彩色蜡笔或彩色喷漆、垃圾桶、记录表格、记录笔等。经产母猪用大头输精管，后备母猪用小头输精管。

②选配。进一步确定参加配种的母猪及其耳牌号，报告给育种师，育种师根据育种要求确定与之相配的公猪，并反馈给配种技术员。

③提取精液。配种技术员从猪精液实验室精液贮存箱中提取能够参加配种的公猪精液（精液从 17 ℃冰箱取出后无须升温，可直接用于输精）。

④准备试情公猪。在公猪舍将试情公猪赶至待配母猪栏前，使母猪在接受输精时与公猪有口鼻接触的机会，以此提高参加配种母猪的兴奋度，使其容易受孕。在配种准备工作未完成之前不得将诱情公猪赶到配种母猪前刺激母猪。需注意的是，输完几头母猪后要更换一头公猪，以提高公猪的兴奋度和母猪的认可度。

⑤输精。

第一步：先用卫生纸清洁母猪外阴并擦干。

第二步：打开靠近海绵头端密封袋，露出输精管海绵头部分，其他部分仍留在外包装内，在海绵头周围涂一圈配种专用润滑剂（图 4-16）。

第三步：将输精管与母猪阴门成 45° 角斜向上插入母猪阴门内，然后抬平输精管与母猪阴道基本平行缓慢插入母猪生殖道内（图 4-17），当感觉到有阻力时再稍用力，直到感觉输精管前端被子宫颈锁定，轻轻回拉不动为止，撕掉输精管包装袋；插入输精管过程中出现母猪拉尿、拉粪污染输精管的情况，不能再向生殖道内推进输精管，应及时更换 1 条新输精管。

第四步：从精液贮存箱中取出精液瓶，确认精液瓶上标签与配母猪耳牌号相匹配。

第五步：小心摇匀精液，剪去密封口，将精液瓶嘴接上输精管，轻压输精瓶，确认精液能流出，当精液瓶内精液输送到一定程度时需要将精液瓶从输精管上拔出，使精液瓶吸取空气回到充盈状态下再与输精管接上输精，或者用针头在瓶底扎一小孔，增加输精瓶内压力，缓慢向母猪生殖道内输送精液；输精时按摩母猪乳房、外阴、侧腹部，压背，使子宫产生负压将精液吸纳进去，绝不允许强力将精液挤入母猪的生殖道内（图 4-18）。

图 4-16　涂抹润滑剂　　　　图 4-17　插入输精管　　　　图 4-18　输精

第六步：通过调节输精瓶的高低控制输精时间，一般3～5 min输完，最快不少于3 min；当发现精液吸入得快，精液出现倒流时，要迅速降低输精瓶，以减缓精液输入的速度，减少精液倒流；

第七步：输完后在防止空气进入母猪生殖道的情况下，将输精管后端折起塞入输精瓶中，让输精管留在生殖道内慢慢自动滑落。

注意：输精时一要有诱情公猪在配种母猪面前，二要动作轻盈缓慢，三要模仿公猪效应按压、按摩母猪背、腰等处，不能人为勉强地将精液挤入母猪的生殖道内。

⑥输完精后，立即登记配种记录。

⑦禁配。断奶后3天内发情的母猪不配种；流产母猪第一个发情期不要配种；淘汰处理的母猪不配种。

（7）妊娠检查

①查返情时间。母猪配种后16～24天，方法同后备母猪查情方法。对于确定已经妊娠的母猪，需根据配种日期按顺序将其排列好，以利于母猪临产时集中移到产房，以防遗漏到配种场产仔而造成损失。未妊娠的母猪需及时移到空怀母猪区，进行诱情、查情处理，尽快配种。

②妊娠检查。外部查情法：使用公猪诱情，人员在母猪后部观察母猪是否有发情现象，若没有发情现象，可认为母猪已经受孕。超声波测定法：配种后26～28天，用超声波妊娠诊断仪测定猪的胎儿心跳次数，从而进行早期的妊娠诊断（图4-19）。

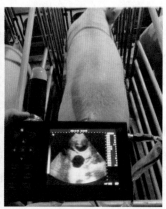

图4-19　超声波妊娠诊断

三、饲养与管理妊娠母猪

（一）妊娠母猪行为及生理特点

妊娠母猪是指后备母猪或空怀母猪配种后，已经怀孕的母猪。一般母猪的妊娠期为114天。母猪妊娠期是一个非常重要的阶段，在妊娠期间，母猪将出现一系列的变化。

1. 饮食增加

妊娠初期，母猪的食欲会增加，摄食量明显增加。这是因为胎儿的发育需要更多的营养物质。

2.体重增加

妊娠期间，母猪的体重会逐渐增加。这主要是胎儿的生长和母体组织的增加所致。

3.活动减少

妊娠过程中，母猪的活动量会明显减少，更多时间用于休息和睡眠。这是体内激素水平改变以及身体不适所致。

4.乳腺发育

妊娠后期，母猪的乳腺会逐渐发育。这是为分娩后哺乳做准备。

5.行为改变

妊娠母猪的行为也会有所改变。它们更喜欢较安静的环境。母猪还可能变得更加亲近和温顺，对其他动物和人类的反应也会发生变化。

6.发情停止

妊娠期间，母猪通常不会出现发情行为，不会被公猪吸引。

（二）妊娠母猪饲养要点

怀孕阶段的饲养目标是管理母猪体况，使胚胎和胎盘充分发育，从而达到窝产仔数和仔猪初生重最大化，同时避免母猪过瘦或过肥。

1.清理食槽

喂料前清空食槽饮用水，处理剩余饲料，将食槽清洗干净。

2.确保饲料质量

喂料前观察颜色、颗粒状态，嗅闻气味等，检查饲料质量，发现异常立即停止饲喂。

3.给予合理采食量

妊娠母猪日喂2次，妊娠前期（0～30天）每日采食量为1.8～2kg，过瘦的母猪，评分＜2.5分时可适当增加采食量；妊娠中期（30～85天）每日采食量为1.8～2kg，背膘厚度达到16～18mm，评分3分；妊娠后期尽量让母猪多吃，一般3.5～4.5kg，要求母猪分娩时的背膘厚度达到18～20mm，目测评分3.5～4分为偏肥体况。母猪体况分类如图4-20所示，母猪体况评分见表4-13。

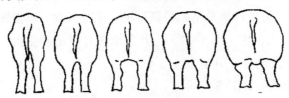

图4-20　母猪体况分类

表4-12　母猪体况评分表

分值	1分	2分	3分	4分	5分
总体评价	瘦	偏瘦	正常	偏肥	肥
判定标准	明显露出臀部骨和脊椎，尾根有凹陷	不用力压很容易摸到臀部骨和脊椎，轮廓可见	重压能摸到臀部骨和脊椎，尾根无凹陷	重压摸不到臀部骨和脊椎	脂肪沉积严重，臀部骨和脊椎被深度覆盖

为保证母猪产仔率，也要根据其体况及时调整饲料量，过肥母猪的饲料每日减0.2～0.5 kg，过瘦母猪的饲料每日加0.2～0.5 kg。

投喂饲料后，要观察种猪采食情况，将未吃完的料清理到需要饲料的食槽内，并记录采食不正常猪只，分析其健康状况及原因。

（三）妊娠母猪管理要点

1. 环境管理

（1）温度和湿度　妊娠母猪舍适宜温度控制在15～20℃，防止冷风突然袭击及贼风侵袭；猪舍内温度较高（达30℃以上）时，可舍内喷洒凉水，配合开启风机降温，也可用滴水等降温系统。做好猪场猪舍温湿度记录。

（2）通风　注意舍内有害气体浓度，根据人的感觉及时调整通风系统，经常打开走道上的风门。

（3）圈舍卫生　每天上午和下午各做一次粪便清扫，实行干稀分流，并定期对圈舍进行彻底冲洗清洁。同时，防止蚊子、苍蝇滋生，并放置灭鼠药，消灭老鼠。

2. 猪群管理

（1）适当运动　前期限制运动，中后期适当运动，有利于增强体质和胎儿发育，产前1周停止运动。

（2）防止流产　对妊娠母猪要态度温和，避免惊吓、打骂、经常触摸腹部；初产母猪产前进行乳房按摩；每天刷拭猪体，保持皮肤清洁；每天注意观察母猪采食、饮水、粪尿和精神状态的变化，预防疾病发生和机械刺激，如挤、斗、咬、跌、骚动等，防止流产。

母猪预产期的
计算

（3）做好预产期推算　母猪妊娠后期要估算预产期，猪的妊娠期是114天，也就是3个月24天，所以具体的测算是在母猪配种期的月份上加3，在配种日期上加24，即（$M=3+m$，$D=24+d$）。但凡是预产期里完全包含1、3、5、7、8、10、12月份的或包含上述月份各月底的，应该每包含一个月份，便在日期上减1；凡是预产期里完全包含4、6、9、11各月份的保持不变；凡是预产期里完全包含2月份或2月底的应该在日期上加2。

（4）转群管理　为使母猪及早熟悉新环境，正常采食，以便顺利产仔，母猪一般在临产前5～7天进入产床（图4-21），并要求做好登记和交接。转栏时，应对母猪进行全身清洁甚至清洗消毒（图4-22）。

3. 配种妊娠猪舍的一日工作

（1）8：00—12：00原则上为工作时间，冬、春季上下班时间适当调整，工作日程如下：

第一步：巡查猪只、猪舍设施、设备、水电等情况；

第二步：清理、清洗食槽，投喂饲料，检查饮水供给是否正常；

第三步：进行除粪等清洁工作；

第四步：饲喂饲料半小时后使用诱情公猪检查母猪发情（返情）情况，对发情母猪配种。

图 4-21　产床

图 4-22　猪身清洗消毒

第五步：完成妊娠检查、调栏等工作及配合完成其他事项；

第六步：巡查处理猪舍水电、门窗等设施设备、猪只、饲料等状况，下班。

（2）14：00—18：00 原则上为工作时间，冬、春季上下班时间适当调整，工作日程如下：

第一至第五步同上午日程；

第六步：完成报表、工作日报等记录报告；

第七步：巡查处理猪只、猪舍设施设备、水电等，下班。

四、饲养与管理待产母猪

（一）待产母猪行为及生理特点

待产母猪是指即将分娩的母猪。一般来说，当母猪怀孕期接近尾声，出现一系列预示分娩即将到来的特征时，就可以被称为待产母猪。以下是待产母猪的一些典型行为和生理特点。

1. 活动减少

临近分娩时，母猪的活动量会明显减少，常常长时间保持卧姿，起身活动的频率降低。因为母猪身体负担加重，行动变得较为迟缓，同时为了保存体力迎接分娩，母猪会选择相对安静的地方卧下休息，减少不必要的走动。

2. 筑巢行为

母猪在分娩前一段时间会表现出强烈的筑巢行为，这是一种本能反应，目的是为即将出生的仔猪准备一个舒适、安全的环境。母猪会用蹄子扒拉地面的垫料，将其堆积在一起，形成一个类似巢穴的地方。这种行为通常在分娩前几个小时到一天左右出现。

3. 不安和焦虑

待产母猪可能会表现出不安和焦虑的情绪。它会频繁地起身、躺下，不断调整自己的姿势，有时还会发出哼哼声。这种不安可能是分娩的临近带来的身体不适和对未知的紧张感引起的。

4. 乳腺发育

随着分娩的临近，母猪的乳腺会迅速发育。乳房逐渐增大、变红、变硬，乳头也会变得更加突出。轻轻挤压母猪的乳头，可能会有少量清亮的乳汁流出。通常在分娩前一两天出现。

5.生殖器官变化

母猪的外阴部会逐渐肿胀、松弛，颜色也会变深。阴道黏膜变得湿润，有黏液流出。在分娩前几小时，母猪的宫缩会逐渐加强，能看到母猪不时地努责，腹部有明显的收缩动作。

6.体温变化

待产母猪的体温可能会略有下降，一般比正常体温低 0.5 ~ 1 ℃。这是分娩即将来临的一个重要信号。

（二）待产母猪入栏前的准备工作

待产母猪一般在预产期前 3 ~ 7 天进入产房，待产母猪进产房前必须经过体表清洁和全身消毒处理，重点清洗后躯、阴户周围、乳区。

1.清扫分娩栏

分娩栏在分娩前一周应打扫干净，包括地面及其他设备，如饲料槽、水槽等。

2.准备设施设备和工具

①检查设备和设备维修，包括饲料槽饮水器、保温箱等；②门前的消毒脚盆内有消毒水；③每栏有准备好的保温设备；④准备接产用工具：保温灯、毛巾、麻袋、消毒水。

3.清洗待产母猪

母猪赶入产房前应在妊娠舍将母猪彻底清洗干净并消毒，用 1：100 的碘酊消毒猪身，入产房前最好不喂料。清洗的关键部位是阴户周围、四肢、下腹部（尤其是乳房）。

4.调整饲养模式

应根据妊娠母猪的状态来调整饲养的模式。

（三）待产母猪的饲养要点

为了确保母猪奶水充足、生产时精力充沛，生产前 30 天开始给母猪喂养专门的高品质哺乳母猪料，饲喂量保持在每天 7 kg 左右。生产前 3 天开始限制饲喂量，分娩当天停止饲喂，防止母猪便秘和难产，保证母猪饮水充足且清洁卫生。

（四）待产母猪的管理要点

1.环境管理

（1）温度和湿度　产房舒适温度为 18 ~ 22 ℃，湿度控制在 50% ~ 60%，当室内温度低于 24 ℃时，要为仔猪开启保温灯。

（2）通风　注意舍内有害气体浓度，应根据人的感觉及时调整通风系统，经常打开走道上的风门。

（3）圈舍卫生　每天上午、下午各做一次粪便清扫，实行干稀分流，并定期对圈舍进行一次彻底冲洗清洁。同时防止蚊子、苍蝇滋生，并放置灭鼠药，消灭老鼠。

2.猪群管理

（1）产前准备

①进一步检查、明确临产母猪的实际妊娠期，为超期妊娠的母猪做好准备，母猪超

过预产期3天仍未产仔，按照药品说明注射律胎素诱导分娩；

②加强产前母猪饲养管理，严格按饲料饲喂程序饲养临产母猪。

③分娩前检查乳房是否有乳汁流出，以便做好接产准备；

④准备好5%碘酊、抗生素、催产素、毛巾等药品和工具。

（2）临产观察

①行为改变：不想吃料，呼吸加快，卧立不安，四肢伸直，频频排尿，阴户流出白色的稀薄液体（图4-23）；

②乳房变化：乳房膨大，有光泽，两侧乳头外张（图4-24），皮肤发红发亮，用手挤压有乳汁排出（图4-25），初乳出现12~23小时即分娩；

③外阴变化：产前3~5天，阴唇红肿，尾根两侧下陷（图4-26）。

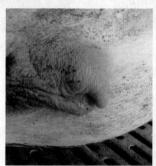

图4-23　阴户流出清亮液体　　　图4-24　乳房膨大、外张

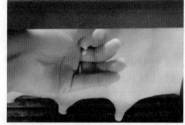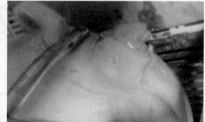

图4-25　排出乳汁　　　　　　　图4-26　阴户变化

（3）接产

①人员安排：接产要有专人看管，夜班按规定值班，确保母猪产仔时有人在现场随时接产。

②擦黏液：仔猪出生后，接产人员应立即用纱布或毛巾将其耳、口、鼻腔中的黏液掏出并擦净，然后将其全身的黏液擦干，全身涂抹密斯陀（图4-27）；

③断脐：仔猪出生后2~10分钟断脐带。在离脐带根部3~4cm处先向近心方向捋脐带，然后做钝性分离或用棉线结扎（图4-28、图4-29），也可用脐带夹或扎带夹住。断脐后断端用5%碘酊消毒，随即将仔猪放入保温箱内升温干燥，干燥后立即让仔猪吃初乳。

母猪分娩技术

图4-27　涂抹密斯陀

④假死仔猪的抢救：新生仔猪出现无呼吸或微弱呼吸而仅有心跳的假死亡状，就可诊断为假死仔猪（图4-30）。对假死仔猪的救治首先是彻底将口鼻黏液或羊水倒出或抹干，并用消过毒的纱布或毛巾擦拭口鼻，擦干躯体。其次可采用表4-13所示的方法施救。

图4-28　棉线结扎脐带

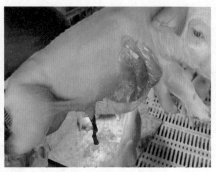
图4-29　脐带结痂

图4-30　假死仔猪

表4-13　假死仔猪救治方法

救治方法	具体措施
人工呼吸法 （图4-31）	前后躯以肺部为轴向内侧并拢、放开，反复数次，频率为20次/分钟
倒提拍背法 （图4-32）	倒提仔猪后腿，并抖动其体躯，用手连续轻拍其背部，直到仔猪出现呼吸
吹气法 （图4-33）	用胶管或塑料管向假死仔猪鼻孔内或口内吹气，促其呼吸，使其尽快成活
刺激法	往仔猪的鼻子上搽点酒精或氨水，或用针刺其鼻部或腿部，刺激呼吸，使其尽快苏醒成活，用针尖扎仔猪口鼻，通过机械刺激帮助其恢复呼吸

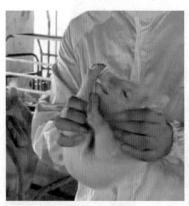
图4-31　人工呼吸法

图4-32　倒提拍背法

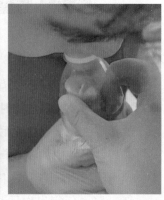
图4-33　吹气法

⑤产后检查胎衣或死胎是否完全排出，可看母猪是否有努责或产后体温升高；有症状可打催产素适当处理；必要时可用人工助产的方式掏出胎衣或死胎。

⑥吃初乳，固定乳头。母猪产后，饲养管理人员要检查母猪所有乳房是否具备泌乳

功能，将具有泌乳功能的乳房固定仔猪哺乳。初生体重小的放在前面，体重大的放在后面。仔猪吃初乳前，每个乳头的最初几滴奶要挤掉。原则上每头产仔母猪最多带12头仔猪，以利乳房发育、仔猪生长，多余的仔猪寄养出去，仔猪产得多的母猪向产得少的母猪那里寄养。

⑦难产的判定：超过预产期3～5天，仍无临产症状的母猪；母猪胎衣破裂、羊水流出以及母猪强烈努责等产仔症状，但1～2小时后仍没产仔；母猪产出1～2头仔猪后，仔猪体表已干燥且活泼，而间隔60分钟内仍不见后一仔猪，也没有胎衣排出，此时需人工助产。

⑧人工助产。有难产史的母猪临产前1天肌内注射律胎素或氯前列烯醇；临产母猪子宫收缩无力或产仔间隔超过半小时者可注射缩宫素，但要注意在子宫颈张大时使用（即在至少产仔1头后使用）；注射催产素仍无效或由于胎儿过大、胎位不正、骨盆狭窄等原因造成难产应立即人工助产。

人工助产的步骤如下：

先用肥皂水洗净手及手臂，再用来苏尔或0.1%高锰酸钾水将手及手臂消毒，涂上凡士林或油类等润滑剂；然后手呈锥形，随着子宫收缩节律慢慢伸入，触及胎儿后，根据胎儿进入产道部位，抓仔猪的腿或下颌部将小猪拉出（图4-34—图4-37）。若出现胎儿横位，应将头部推回子宫，捉住两后肢拉出；若胎儿过大，母猪骨盆狭窄，拉小猪时，一要与母猪努责同步，二要摇动小猪，慢慢拉动。拉出仔猪后应帮助仔猪呼吸。助产过程中，动作必须轻缓，注意不可伤及产道、子宫，待胎儿、胎盘全部产出后，于产道局部抹上青霉素粉。

图4-34　涂抹润滑剂　　图4-35　锥形手势　　图4-36　深入产道　　图4-37　拉出小猪

⑨及时做好产仔情况记录，记录母猪总产仔数、活产仔数、死胎、木乃伊胎、产程等信息。对难产的母猪，还应在母猪卡上注明难产的原因，以便下一胎次的正确处理或作为淘汰鉴定的依据。

（4）产后护理

①母猪产后3天应尽量使其采食量恢复正常，使其自由采食。喂料时若母猪不愿站立吃料，应强迫赶起来吃料。

②哺乳期内保持环境安静、圈舍清洁、干燥，做到冬暖夏凉。随时观察母猪采食量和泌乳量的变化，以便针对具体情况采取相应措施。严禁用水冲洗猪舍、猪栏。

五、饲养与管理哺乳母猪

（一）哺乳母猪行为及生理特点

哺乳母猪是指已经分娩并正在哺乳幼仔的母猪。哺乳母猪在行为和生理上会有一系列的变化。以下是哺乳母猪的一些典型行为和生理特点：

1. 哺乳行为

哺乳期的母猪主要的行为是哺乳，即给幼仔提供乳汁喂养。母猪会让幼仔靠近乳头，让它们吸吮乳汁来满足其营养需求。

2. 乳汁分泌

哺乳母猪的乳腺会在分娩后逐渐发育和分泌乳汁。乳汁的产量会随着哺乳周期的进展而增加，以满足幼仔的需求。

3. 母性行为

哺乳母猪会表现出强烈的母性行为，包括保护幼仔免受伤害、保持与幼仔的亲密接触以及对其他动物的警戒行为。

4. 饮食行为

尽管哺乳期的母猪需要更多的营养来满足自身和幼仔的需求，但哺乳母猪的食欲可能会下降。这是由于哺乳过程中体内激素水平的变化以及养育幼仔所需的精力。

5. 体重恢复

在哺乳过程中，母猪会消耗大量的能量和营养来支持自身和幼仔的生长发育。因此，哺乳母猪的体重可能会下降，但随着哺乳周期结束，母猪的体重会逐渐恢复。

6. 响应性变化

哺乳母猪可能会对外界刺激更加敏感，尤其是对接近幼仔和保护幼仔安全的行为更加警觉。

（二）哺乳母猪的饲养要点

①母猪产后第一天基本不喂，或投淡盐水；产后 2 ~ 4 天饲喂 2 ~ 2.5 kg；产后 5 ~ 6 天饲喂 3 ~ 3.5 kg；7 天后自由采食，饲喂量逐渐增加，喂量达到每天 7 kg 以上。断奶当天少喂或喂半料。

②母猪喂料后两个小时内要清出剩料，并清洗料车及其他工具。

③哺乳母猪每隔 1 小时左右要赶起来喝水，确保母猪有足够的饮水。

④饲喂要遵循少给勤添的原则，一般每天 3 ~ 4 次。

（三）哺乳母猪的管理要点

1. 环境管理

（1）温湿度　产房母猪舒适温度为 18 ~ 22 ℃，湿度控制在 50% ~ 60%，当室内温度低于 24 ℃时，仔猪要开启保温灯。

（2）通风　注意舍内有害气体浓度，根据人的感觉及时调整通风系统，经常打开走道上的风门。

（3）圈舍卫生　每天上午、下午各做一次粪便清扫，实行干稀分流，并定期对圈舍进行一次彻底冲洗清洁。同时防止蚊子、苍蝇滋生，并放置灭鼠药，消灭老鼠。

2.猪群管理

哺乳母猪饲养管理的主要目的是提高泌乳量、控制母猪减重、仔猪断奶后能正常发情排卵，延长利用年限。

（1）产后护理　母猪产后要及时进行消毒和护理，防止感染。可对母猪的外阴、乳房等部位用0.1%的高锰酸钾溶液或碘酒等进行清洗和消毒。经常检查母猪的乳房，防止乳房炎的发生。如有乳房肿胀、发热等症状，要及时采取治疗措施，如按摩乳房、热敷、使用抗生素等。其次，让仔猪均匀地吸吮每个乳头，避免个别乳头过度使用或闲置，以保证乳房的正常发育和泌乳。同时，观察母猪的采食、排便和精神状态，如有异常及时处理。

（2）适当运动　在母猪产后恢复期间，可适当让其进行运动，以增强体质，促进消化和泌乳。但要注意避免运动过度，造成母猪疲劳和受伤。

六、饲养与管理哺乳仔猪

（一）哺乳仔猪行为及生理特点

哺乳仔猪是指处于哺乳阶段的仔猪。仔猪出生后的环境发生了根本改变，为适应环境的变化，仔猪在行为和生理上也明显区别于其他猪。以下是哺乳仔猪的一些典型行为和生理特点。

1.生长发育快

仔猪出生后生长发育特别快。一般仔猪初生重在1 kg左右，10日龄体重达初生重的2倍以上，30日龄达5~6倍，60日龄增长10~13倍或更多，体重达15 kg以上，如按月龄的生长强度计算，第一个月比初生重增长5~6倍，第二个月比第一个月增长2~3倍。

2.消化器官不发达，消化功能不完善

仔猪的消化器官在出生时尚未完全发育和成熟，消化功能也相对不完善。仔猪的胃容量较小，胃壁相对薄弱，胃酸分泌能力较低，消化食物的能力有限。仔猪的小肠和大肠尚未充分发育，肠道长度相对较短，这意味着仔猪对纤维素、碳水化合物的消化和吸收能力较差。仔猪的消化酶系统尚未完全发育，包括淀粉酶、脂肪酶和蛋白酶等。因此，仔猪对这些营养物质的消化和利用能力有限。

3.缺乏先天免疫力，易得病

仔猪的免疫系统尚未完全成熟，对抗病原微生物的能力相对较弱。

4.体温调节能力差，行动不灵活，反应不灵敏

仔猪神经系统发育不健全，体温调节能力差，再加上初生仔猪皮薄毛稀，皮下脂

肪少，因此特别怕冷，容易冻昏、冻僵、冻死。特别是出生后第一天，初生仔猪反应迟钝，行动不灵活，也容易被踩死、压死。

（二）哺乳仔猪的管理要点

1.环境管理

（1）温湿度　母猪与仔猪对环境温度的要求不同。新生仔猪的适宜环境温度为30～34℃，而产房温度为18～20℃，因此必须增加额外的保温措施；湿度控制在50%～60%。

（2）通风　注意舍内有害气体浓度，应根据人的感觉及时调整通风系统，经常打开走道上的风门。

（3）圈舍卫生　每天上午、下午各做一次粪便清扫，实行干稀分流，并定期对圈舍进行彻底冲洗清洁。同时，防止蚊子、苍蝇滋生，并放置灭鼠药，消灭老鼠。

2.猪群管理

新生仔猪的
管理技术

（1）保温　新生仔猪对寒冷的环境极其敏感，因此，初生仔猪保温具有关键性意义。仔猪保温可采用保育箱，箱内吊250 W或175 W的红外线灯，距地面40 cm，或在箱内铺垫电热板，都能满足仔猪对温度的需要。对于个体较小的仔猪，相对铺垫式取暖，在产栏内吊红外线灯取暖更显优越性，因为可使相对较大的体表面积更易于采暖。目前，生产上常用的保温设备有保温灯（图4-38）、电热板（图4-39）、保温箱（图4-40）等，可明显减少仔猪的死亡。

图4-38　保温灯　　　　图4-39　电热板　　　　　图4-40　保温箱

（2）防压　母猪卧压造成仔猪死亡的现象是非感染性死亡中最常见的，大约占初生仔猪死亡数的20%，绝大多数发生在仔猪出生后4天内，特别是在出生后第一天最易发生，在老式未加任何限制的产栏内情况更加严重。在母猪身体两侧设有护栏的分娩栏（图4-41），可有效防止仔猪被压伤、压死，头一周内仔猪死亡率可从19.3%下降至6.9%。

（3）固定乳头　初生仔猪不具备先天性免疫能力，必须通过吃初乳获得免疫力。仔猪出生6小时后，初乳中的抗体含量下降一半，因此应让仔猪尽可能早地吃到初乳、吃足初乳（图4-42、图4-43）。为使同窝仔猪生长均匀，放乳时有序吸乳，在仔猪出生后2天内应人工辅助固定乳头（图4-44），使其吃足初乳，在分娩过程中，让仔猪自寻乳头，待大多数仔猪找到乳头后，对个别弱小或强壮争夺乳头的仔猪再进行调整，把弱小的仔猪放在前边乳汁多的乳头上，体大强壮的仔猪放在后边的乳头上。固定乳头要以仔猪自选为主、个别调整为辅，特别要注意帮助弱小仔猪吸乳。

图 4-41　防压分娩栏

图 4-42　吃初乳

图 4-43　人工初乳

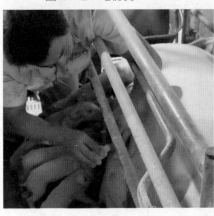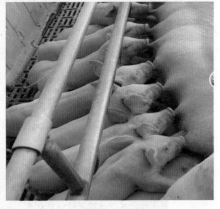

图 4-44　固定乳头

（4）防病　哺乳仔猪最易患的疾病是仔猪黄痢病（图 4-45）、仔猪白痢病（图 4-46）及缺铁性贫血症。可以通过给妊娠母猪注射疫苗来预防仔猪黄痢病和白痢病，一般注射仔猪大肠杆菌三价苗或大肠杆菌二价苗。仔猪发生黄、白痢病时用药物进行治疗。仔猪生长快，对铁的需求量很大，为预防缺铁性贫血症，可在仔猪出生后 2～5 天内注射补铁剂，如右旋糖酐铁。

（5）寄养　寄养时，仔猪间日龄相差不超过 3 天。仔猪出生后 48 小时内进行仔猪调圈寄养最好。一般将先出生的仔猪调往后出生的仔猪圈内；把大的仔猪寄养出去。寄养时，用寄养母猪的奶汁涂抹待寄养仔猪的全身（图 4-47）。有病的仔猪不得调圈。尽量减少调圈次数，一般不超过两次。

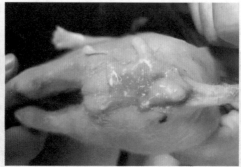

图4-45　仔猪黄痢　　　　　　　　　图4-46　仔猪白痢

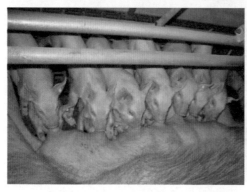

图4-47　寄养仔猪

（6）诱食补料　仔猪长到20天之后，对食物的需求增加，而母猪的泌乳高峰在第21天，到这个阶段后，将出现仔猪需求量大而母猪供给量不足的矛盾。因此，应从仔猪出生后7～10日龄开始训练仔猪吃饲料（一般为有一定强度的颗粒料）。达到20日龄时让仔猪完全采食饲料。开始补料时，仔猪可能不吃，但也应训练，可以用乳香剂、糖蜜、炒熟的黄豆、玉米、高粱等做诱饵对其进行诱食（图4-48），诱食大约需要一周的时间。

图4-48　仔猪诱食

（7）新生仔猪的处理

①称重（图4-49—图4-51）。将所有产出的活仔猪进行称重，并如实记录。

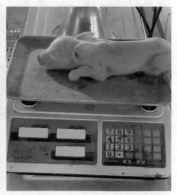

图4-49　健康仔猪称重　　　　　图4-50　窝重　　　　　图4-51　弱仔猪称重

②断尾（图4-52）。用电热断尾钳于尾基部3 cm处剪断仔猪尾巴，断尾时要保证电热断尾钳预热温度适宜，能保证断尾时创面在高温下烫出结痂，促其止血。此时可不用消毒剂消毒创面。

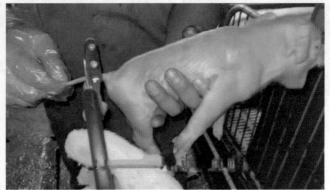

图4-52　仔猪断尾

③打耳牌（图4-53）。对所有出生的活仔猪在24小时内打上耳牌。

图4-53　仔猪打耳牌

④剪牙（图4-54）。仔猪出生后6～24小时内，用消过毒的剪牙钳或磨牙棒剪去仔猪犬齿的尖端，要保证创面平整，操作时要注意避免伤到仔猪牙龈。

图 4-54 仔猪剪牙

⑤去势（图4-55）。14天时，对不符合种用的公仔猪进行阉割，即去势。用手指将睾丸尽可能外挤，用5%的碘酒对睾丸外部进行消毒；用经过碘酒消毒的刀片在睾丸内侧各开一个小口，挤出睾丸；对精索、输精管作钝性分离，用碘酒再次消毒，必要时撒上消炎粉；去势要彻底，切口不宜太大，并处理好创口，种公猪的选留需要在记录本上查看系谱后最后确定。母猪不需要阉割。

图 4-55 小公猪去势

七、饲养与管理断奶仔猪

（一）断奶仔猪行为及生理特点

断奶是指将仔猪从母猪的哺乳过程中脱离出来，转变为喂养固体饲料的阶段。断奶期对仔猪来说是一个非常重要的转变阶段，需要适当的管理和护理。

仔猪断奶技术

1. 饲料摄取

断奶仔猪通常逐渐摄取固体饲料，如粉状或颗粒状的饲料。通过咀嚼、舔食和吞咽固体饲料，逐渐适应新的摄食方式。

2. 母乳依赖减弱

断奶后，仔猪不再以母猪的乳汁为主要营养来源。它们的消化系统逐渐适应固体饲料，而非乳汁。

3. 社会互动

断奶后，仔猪可能开始与同龄仔猪进行更多的社交互动。仔猪可以一起进食，并与其他仔猪一起玩耍和探索环境。

4. 生长发育

断奶后，仔猪通过摄取固体饲料来满足其能量和营养需求，加速生长发育。适当的饲料和营养摄入对仔猪的生长和体重增加至关重要。

5.胃肠适应

仔猪出生后消化系统逐渐发育完善。断奶后，仔猪的胃和肠道会逐渐适应消化和吸收固体饲料。以更好地处理固体饲料中的营养物质。

6.行为变化

部分断奶仔猪可能会表现出一些不适应的行为，如焦虑、喊叫或寻找母猪。这是因为它们正在适应新的饲养环境和饲料来源，适当的关注和照顾可以帮助它们更快地适应这个过程。

（二）断奶仔猪饲养要点

断奶对仔猪来说是一个较为强烈的刺激，仔猪的应激反应也较为强烈。生产上为了避免刺激因素的集中，往往在仔猪断乳前 10 天进行去势，在断奶前 3 ~ 5 天进行防疫注射。养好断奶仔猪必须坚持"两维持""三过渡"。

1.两维持

"两维持"即维持原饲料饲养，维持原饲养制度饲养。

2.三过渡

"三过渡"即饲料的改变要有过渡，饲养制度的改变要有过渡，饲养环境的改变要有过渡。

断奶仔猪喂食如图 4-56 所示。

图 4-56　断奶仔猪喂食

（三）断奶仔猪管理要点

1. 环境管理

（1）温度和湿度控制　断奶仔猪适宜的环境温度是：30～40日龄21～22℃，41～60日龄21℃，60～90日龄20℃。为了能保持上述温度，冬季要采取保温措施，夏季则要防暑降温。仔猪舍内湿度过大会增加寒冷或炎热，对仔猪的成长不利。断奶仔猪适宜的环境湿度为65%～75%。

（2）通风　定期通风换气，保持舍内空气新鲜。

（3）圈舍卫生　每天上午、下午各做一次粪便清扫，实行干稀分流，并定期对圈舍进行彻底冲洗清洁。同时，防止蚊子、苍蝇滋生，并放置灭鼠药，消灭老鼠。

2. 猪群管理

（1）断奶时间　断奶时间直接关系到母猪年产仔窝数和育成仔数，也关系到仔猪生产的效益。规模化养猪场多于21～28日龄断奶，规模化猪场在早期补饲条件具备的情况下，可实行21日龄断奶。

（2）断奶方法　仔猪断奶可采取一次性断奶法、分堆断奶法、逐渐断奶法和间隔断奶法。

①一次性断奶法：到断奶日龄时，一次性将母猪、仔猪分开。具体方法可以是将母猪赶出原栏，留全部仔猪在原栏饲养。此法简便，并能促使母猪在断奶后迅速发情。不足之处是突然断奶，母猪易患乳房炎，仔猪也会因突然受到断奶刺激影响生长发育。因此，断奶前应注意调整母猪的饲料，降低泌乳量，细心护理仔猪，使之适应新的生活环境。

②分堆断奶法：将体重大、发育好、食欲强的仔猪及时断奶，而让体弱、个体小、食欲差的仔猪继续留在母猪身边，适当延长其哺乳期，以利于弱小仔猪的生长发育。采用该方法可使整窝仔猪都能正常生长发育，避免出现僵猪。但断奶期拖得较长，影响母猪发情配种。

③逐渐断奶法：在仔猪断奶前4～6天，把母猪赶到离原圈较远的地方，然后每天将母猪放回原圈数次，并逐日减少放回哺乳的次数，第1天4～5次，第2天3～4次，第3～5天停止哺育。这种方法可避免引起母猪乳房炎或仔猪胃肠疾病，对母猪、仔猪均较有利，但较费时、费工。

④间隔断奶法：仔猪达到断奶日龄后，白天将母猪赶出原饲养栏，让仔猪适应独立采食；晚上将母猪赶进原饲养栏（圈），让仔猪吸食部分乳汁，到一定时间全部断奶。这样，不会使仔猪因改变环境而惊慌不安，影响生长发育，既可达到断奶目的，也能防止母猪患乳房炎。

（3）分群饲养　根据仔猪的性别、个体大小、进食快慢进行分群，同群内体重以不超过2～3kg为宜，对体弱仔猪宜另组一群。每群头数视猪圈大小而定，一般4～6头或10～12头一圈。

（4）断奶仔猪调教　猪有定点采食、排粪尿、睡觉的习惯，这样既可保持栏内卫生，又便于清扫，但新断奶转群的仔猪需人为引导、调教才能养成这些习惯。仔猪培育栏最好是长方形的，在中间走道一端设自动食槽，另一端安装自动饮水器，靠近食槽一侧为睡卧区，另一侧为排泄区。训练的方法是：排泄区的粪便暂时不清扫，其他区的粪便及时清除干净，诱导仔猪到排泄区排泄。当仔猪活动时，对不到指定地点排泄的仔猪用小棍轰赶，当仔猪睡卧时可定时轰赶到固定区排泄，经过1周的训练可形成定位。

3. 产仔舍一日饲养管理工作

（1）8：00—12：00原则上为工作时间，冬、春季上下班时间适当调整，工作日程如下：

第一步：巡查猪只、猪舍设施、设备、水电等情况；

第二步：清理、清洗食槽，投喂饲料，检查饮水供给是否正常；

第三步：除粪等清洁工作；

第四步：记录繁殖信息、调栏、寄养、断尾、去势、打耳牌，注射补铁剂；

第五步：消毒，配合兽医做好防疫、疾病诊治、断奶等工作；

第六步：巡查、处理猪舍水电、门窗等设施设备、猪只、饲料等状况，下班。

（2）14：00—18：00原则上为工作时间，冬、春季上下班时间适当调整，工作日程如下：

第一至第五步同上午日程；

第六步：完成报表、工作日报等的记录；

第七步：巡查处理猪只、猪舍设施设备、水电等，下班。

产仔舍除白班外，需要安排夜班人员值班，解决夜间母猪产仔问题。

※ 任务实施

一、后备母猪发情鉴定

1. 目标

确定后备母猪是否处于发情期，以保证后备母猪适时配种，提高受孕成功率和生产效益。

2. 材料

挡猪板、标记笔、公猪。

3. 操作步骤

（1）选择公猪；

（2）用挡猪板驱赶公猪至母猪限位栏前；

（3）观察公猪及母猪的行为表现；

（4）检查后备母猪的外部生殖器性征并记录；

（5）查情人员查验母猪是否出现静立反射并记录。

二、猪的人工授精

1.目标

通过人为介入收集公猪的精液，并将其注入母猪的生殖道中，以实现受孕的目的。这种方法可以更好地控制配种的时间和基因组选择，提高遗传优势和生产效益。

2.材料

精液、精液贮存箱、输精管、润滑剂、卫生纸、彩色蜡笔或彩色喷漆、记录本、记号笔等。

3.操作步骤

（1）确定配种母猪，选择合适精液；

（2）从精液室提取精液；

（3）准备试情公猪，赶至待配母猪前；

（4）用卫生纸清洁母猪外阴污物等，并擦干；

（5）输精管打开靠近海绵头端，露出输精管海绵头部分，其他部分仍留在外包装内，在海绵头周围涂一圈配种专用润滑剂；

（6）将输精管与母猪阴门成45°角斜向上插入母猪阴门内，然后抬平输精管与母猪阴道基本平行缓慢插入母猪生殖道内；

（7）从精液贮存箱中取出精液瓶，确认精液瓶上标签与配母猪耳牌号相匹配；

（8）摇匀精液，剪去密封口，将精液瓶嘴接上输精管，轻压输精瓶，确认能缓慢向母猪生殖道内输送精液；

（9）输精时按摩母猪乳房、外阴、侧腹部、压背，使子宫产生负压将精液吸纳进去；

（10）通过调节输精瓶的高低来控制输精时间，一般 3 ~ 5 min 输完，最快不少于 3 min；

（11）输完后为防止空气进入母猪生殖道，将输精管后端折起塞入输精瓶中，让输精管留在生殖道内慢慢自动滑落。

三、母猪的超声波妊娠检查

1.目标

确定母猪是否成功受孕并确认其妊娠状态，通过本次实习，学生进一步掌握猪妊娠诊断的方法。

2.材料

便携式超声机、耦合剂、配种记录表。

3.操作步骤

（1）开启预热设备；

（2）在探头顶端涂抹适量耦合剂；

（3）将探头与猪腹股沟处三角形区域皮肤贴紧，在母猪倒数第二、第三乳头处作小角度移动；

（4）观察设备屏幕是否出现明显的多个带有空洞的黑圈，判断是否妊娠。当超声波妊娠诊断仪屏幕上出现多个带有空洞的黑圈时表示已怀孕；当出现单独的黑点时，表示未怀孕；

（5）记录。

四、母猪的接产

1. 目标

为母猪接产是保证母猪安全而顺利地完成分娩的过程，并保证母猪和仔猪的健康，通过本次任务，学生应掌握正确的母猪接产、助产方法。

2. 材料

5% 碘酊、抗菌素、催产素、毛巾、密斯陀、保温灯。

3. 操作步骤

（1）观察母猪是否出现临产征兆；

（2）仔猪出生后，立即用纱布或毛巾将其耳、口、鼻腔中的黏液掏出并擦净，然后将其全身黏液擦干，全身涂抹密斯陀；

（3）在离脐带根部 3 ~ 4 cm 处先向近心方向挤压脐带血，然后作钝性分离；

（4）断脐后断端用 5% 碘酊消毒；

（5）将仔猪放入保温箱内升温；

（6）仔猪干燥后帮助仔猪吃上初乳；

（7）产后检查胎衣或死胎是否完全排出；

（8）做好产仔情况记录，记录总产仔数、活产仔数、死胎、木乃伊胎、产程等需要记录的信息。

五、小公猪的去势

1. 目标

提高公猪的饲料利用率，改善公猪肉质品质，提高养殖效益，养殖场会对非种用公猪进行去势。通过本次实习，学生应进一步掌握猪场常用的实际操作技能，增强学生的岗位适应能力。

2. 材料

小公猪、手术刀片、5% 碘酊、止血剂、缝针、缝线。

3. 操作步骤

（1）保定：左手抓住仔猪后肢，倒提仔猪，或借助保定工具倒立保定仔猪；

（2）消毒：用 5% 碘酊消毒术部及刀片；

（3）固定睾丸：用左手掌外侧将两后肢向前方推压，屈曲中指、无名指、小指，用中指前端抵住阴囊颈部（即睾丸的精索端），同时用拇指、食指对压固定睾丸，使睾丸的阴囊皮肤紧张；

（4）切开阴囊：平行阴囊缝隙 1 cm 左右作 1 ~ 2 cm 长切口，采用执笔式持刀法。

垂直刺破皮肤肉膜及总鞘膜后运刀，切口大小与睾丸横径相近，确保挤出睾丸即可；

（5）分离睾丸系膜及阴囊韧带：挤出一侧睾丸后，左手掌心捏住睾丸，右手拇指、食指撕开或剪开、割开鞘膜韧带，牵引睾丸并捻转数周，以拇指、食指沿精索滑动挤搓，切断精索，摘除睾丸。同法摘除另一侧睾丸；

（6）止血、消毒。

※ 任务评价

"后备母猪发情鉴定"考核评价表

考核内容	考核要点	得分	备注
公猪的选择 （40分）	1. 与上次查情不一致的公猪（10分） 2. 体型适中、性格温和（10分） 3. 行走缓慢、性欲旺盛（10分） 4. 泡沫丰富、气味浓厚（10分）		
查情时间的控制 （20分）	1. 公猪的位置选择（10分） 2. 公猪与母猪接触的时间（10分）		
发情母猪外生殖器 特征（30分）	1. 阴户肿胀（10分） 2. 颜色变红（10分） 3. 产生分泌物（10分）		
静立反射查验 （10分）	1. 动作标准（5分） 2. 部位准确（5分）		
总分			
评定等级	□优秀（90～100分）；□良好（80～89分）；□一般（60～79分）		

"猪的人工授精"考核评价表

考核内容	考核要点	得分	备注
精液的选择与保存、 运输（10分）	1. 选择合适的公猪精液（10分） 2. 精液的保存、运输（10分）		
猪体的清洁（10分）	清洁母猪外阴污物（10分）		
输精管的插入 （30分）	1. 海绵头端涂抹润滑剂（10分） 2. 输精管与母猪阴门成45°角斜向上插入母猪阴门（10分） 3. 抬平输精管与母猪阴道基本平行缓慢插入母猪生殖道（10分）		
输入精液的确认 （10分）	确认精液瓶上标签与配母猪耳牌号相匹配（10分）		
输精的顺利程度 （15分）	按摩母猪乳房、外阴、侧腹部、压背（15分）		
输精时间控制（15分）	3～5分钟完成输精（15分）		

续表

考核内容	考核要点	得分	备注
避免空气进入 （10分）	将输精管后端折起塞入输精瓶中，让输精管留在生殖道内慢慢自动滑落（10分）		
总分			
评定等级	□优秀（90～100分）；□良好（80～89分）；□一般（60～79分）		

"母猪的超声波妊娠检查"考核评价表

考核内容	考核要点	得分	备注
B超机的正确使用 （20分）	1. 提前预热B超机（10分） 2. 探头顶端涂抹适量耦合剂（10分）		
位置选择（40分）	1. 猪腹股沟处三角形区域（20分） 2. 母猪倒数第二、第三乳头处（20分）		
妊娠的判断（40分）	1. 多个带有空洞的黑圈表示已妊娠（20分） 2. 单独的黑点时表示未怀孕（20分）		
总分			
评定等级	□优秀（90～100分）；□良好（80～89分）；□一般（60～79分）		

"母猪的接产"考核评价表

考核内容	考核要点	得分	备注
临产征兆的观察 （20分）	1. 行为改变（5分） 2. 乳房变化（5分） 3. 外阴变化（10分）		
新生仔猪的处理 （10分）	1. 擦除耳、口、鼻腔中的黏液（5分） 2. 擦除全身黏液并涂抹密斯陀（5分）		
断脐（40分）	1. 向近心方向挤压脐带血（10分） 2. 预留3～4 cm脐带（10分） 3. 断脐方法（10分） 4. 消毒（10分）		
是否吃初乳（10分）	帮助仔猪吃上初乳（10分）		
产后检查与记录 （20分）	1. 检查胎衣或死胎是否完全排出（10分） 2. 记录产仔情况（10分）		
总分			
评定等级	□优秀（90～100分）；□良好（80～89分）；□一般（60～79分）		

"小公猪的去势"考核评价表

考核内容	考核要点	得分	备注
小公猪的选择（10分）	小公猪去势时间判定（10分）		
消毒（20分）	1. 术部消毒（10分） 2. 工具消毒（10分）		
睾丸固定（20分）	1. 固定手法（10分） 2. 睾丸是否充分显现（10分）		
切口（20分）	1. 切口位置（10分） 2. 切口大小（10分）		
摘除睾丸（30分）	1. 是否摘除完全（15分） 2. 摘除手法（15分）		
总分			
评定等级	□优秀（90～100分）；□良好（80～89分）；□一般（60～79分）		

？任务反思

1. 后备母猪发情鉴定注意事项有哪些？

2. 母猪人工授精注意事项有哪些？

3. 利用超声波进行妊娠诊断的优缺点分别是什么？

4. 给仔猪断脐时需特别注意什么问题？

※ 项目小结

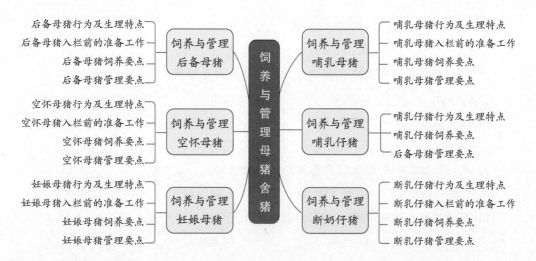

📝 **项目测试**

一、单项选择题

1. 哺乳母猪的粗蛋白质需求量是（　　　）。

　　A.14%　　　　　　B.15%　　　　　　C.20%　　　　　　D.25%

2. 为了保证仔猪的健康生长，从仔猪（　　　）周龄开始需进行补饲。

　　A.4　　　　　　　B.2　　　　　　　C.3　　　　　　　D.5

3. 断奶仔猪需要高质量的蛋白质供给以支持肌肉生长和组织修复，推荐蛋白质含量为（　　　）。

　　A.18%～20%　　B.18%～22%　　C.15%～18%　　D.15%～20%

4. 猪的一个发情周期平均为（　　　）。

　　A.7 d　　　　　　B.14 d　　　　　　C.21 d　　　　　　D.28 d

5. 影响胚胎成活率的关键时期是（　　　）。

　　A. 妊娠前期　　　B. 妊娠中期　　　C. 妊娠后期　　　D. 哺乳期

6. 母猪产后达到泌乳高峰的时间一般是产后（　　　）。

　　A.7 d　　　　　　B.21 d　　　　　　C.42 d　　　　　　D.56 d

7. 导致初生仔猪死亡最重要的原因是（　　　）。

　　A. 仔猪红痢病、黄痢病、白痢病　　　B. 仔猪肺炎

　　C. 踩死压死　　　　　　　　　　　　D. 先天不良

8. 仔猪的早期断奶时间一般是在出生后（　　　）。

　　A.1～2周龄　　B.3～5周龄　　C.7～8周龄　　D.10 周龄

9. 一般要求仔猪吃初乳的时间不得晚于出生后（　　　）。

　　A.2 h　　　　　　B.2 h　　　　　　C.2 h　　　　　　D.32 h

10. 一般母猪的窝产仔数可以达到（　　　　）。

　　A.1～2头　　　　　B.5～7头　　　　　C.10～12头　　　　D.20～30头

11. 仔猪在哺乳时可能咬伤母猪乳头的主要原因是猪有发达的（　　　　）。

　　A. 门齿　　　　　B. 犬齿　　　　　C. 臼齿　　　　　D. 白齿

12. 仔猪成功寄养的关键在于（　　　　）。

　　A. 产期接近　　　B. 混淆气味　　　C. 吃到初乳　　　D. 夜间寄养

13. 头胎仔猪断奶时经过检定合格后的母猪称为（　　　　）。

　　A. 初产母猪　　　B. 经产母猪　　　C. 基础母猪　　　D. 哺乳母猪

14. 对猪群呼吸道疾病发生率影响最大的小气候环境条件是（　　　　）。

　　A. 湿度　　　　　B. 通风　　　　　C. 饲养密度　　　D. 光照

15. 母猪分娩过程开始的标志是（　　　　）。

　　A. 衔草絮窝　　　B. 子宫阵缩　　　C. 羊水流出　　　D. 胎儿产出

16. 通过发情鉴定确定的配种时间是母猪在试情公猪或压背时表现（　　　　）。

　　A. 静立反射　　　B. 外阴红肿　　　C. 衔草絮窝　　　D. 骚动不安

17. 仔猪早期补料的开始时间应该在出生后（　　　　）。

　　A.3 日龄　　　　B.7 日龄　　　　C.21 日龄　　　　D.35 日龄

18. 能够降低公猪精液品质并使母猪发生死胎、流产、畸胎等现象的原因是（　　　　）。

　　A. 饲料霉变　　　B. 通风不良　　　C. 光照太强　　　D. 地面光滑

19. 以下配种方式中，最常用的是（　　　　）。

　　A. 单次配　　　　B. 重复配　　　　C. 双重配　　　　D. 多次配

20. 母猪产后护理的关键是（　　　　）。

　　A. 恢复采食　　　B. 恢复体力　　　C. 大量泌乳　　　D. 发情配种

二、判断题

1. 一般情况下空怀母猪每千克日粮中，蛋白质供应量应占12%，而且在蛋白质的组成中还应有一定数量的动物蛋白。　　　　（　　　　）

2. 为了保证仔猪的健康生长，从仔猪1周龄开始需进行补饲。　　（　　　　）

3. 后备母猪是指未曾怀孕或曾怀孕但尚未产仔的母猪。　　（　　　　）

4. 后备母猪舍适宜温度应控制在15～20℃，湿度控制在65%～75%，防止冷风突然袭击及贼风侵袭。　　　　（　　　　）

5. 后备母猪从24周龄开始，连续诱情三周，每天诱情2次，每栏放置一头诱情公猪并每天更换公猪。　　　　（　　　　）

6. 检查母猪是否发情应观察母猪有无静立反射、母猪阴门内有无液体流出、母猪阴门变化等表现。　　　　（　　　　）

7. 生产中常用的配种方式有 4 种，即单次配种、重复配种、双重配种和多次配种。（　　）

8. 一个发情期内，用同一头公猪（或精液）先后配种 3 次以上称多次配种。（　　）

9. 母猪配种后 16 ~ 24 天，可查返情。（　　）

10. 配种后 26 ~ 28 天，用超声波妊娠诊断仪测定猪的胎儿心跳次数，从而进行早期的妊娠诊断。（　　）

11. 母猪的妊娠期一般为 114 天。（　　）

12. 产房母猪舒适温度为 18 ~ 22 ℃，湿度控制在 50% ~ 60%。（　　）

13. 哺乳仔猪最易患的疾病是仔猪黄痢病、仔猪白痢病以及缺铁性贫血症。（　　）

14. 为预防缺铁性贫血症，可在仔猪出生后 2 ~ 5 天注射补铁剂，如右旋糖酐铁。（　　）

15. 一般 7 天时对不符合种用的公仔猪进行去势。（　　）

16. 生产上为了避免刺激因素的集中，往往在仔猪断乳前 10 天进行去势，在断乳前 3 ~ 5 天进行防疫注射。（　　）

17. "两维持"即维持原饲料饲养，维持原饲养制度饲养。（　　）

18. "三过渡"即饲料的改变要有过渡，饲养制度的改变要有过渡，饲养环境的改变要有过渡。（　　）

三、填空题

1. 空怀母猪需要适量摄入_____来维持肠道健康并促进消化。

2. 一般产后_____天左右，母猪泌乳量就已经不能满足仔猪增长的营养需要，为了保证仔猪的健康生长，从仔猪_____周龄开始需进行补饲。

3. 母猪常用的妊娠检查方法有_____和_____。

4. 在一个发情期内，只用一头公猪（或精液）交配一次，称为_____。

5. 在一个发情期内，用同一品种或不同品种的两头公猪（或精液）先后间隔 10 ~ 15 分钟各配种一次，称为_____。

6. 正常情况下，母猪可利用_____胎，年更新率为 30% 左右。

7. 后备猪舍适宜温度控制在_____，湿度控制在_____。

四、简答题

1. 如何选择后备母猪的日粮？

2. 空怀母猪如何进行饲喂？

3. 发情母猪有哪些表现？

4. 妊娠母猪有哪些行为特点？

5. 妊娠母猪不同阶段的饲养管理要点有哪些？

6. 母猪产前需要做哪些工作？

7. 母猪临产征兆有哪些？

8. 简述母猪接产全过程。

9. 如何判断假死仔猪？假死仔猪如何救治？

10. 仔猪出生后需进行哪些操作？

11. 如何对初生仔猪进行诱食？用什么诱食？

12. 仔猪断奶方法有哪些？分别于哪些情况下适用？

13. 什么是"两维持""三过渡"？

14. 母猪如何进行人工授精？

15. 如何进行母猪的产后护理？

项目五

保育舍猪的饲养管理

【项目导入】

保育猪是指断奶到 10 周龄或断奶至 60 ～ 75 日龄阶段的仔猪（图 5-1），是猪独立生活的开始。保育舍猪只小，没有母源抗体的保护，抵抗力差，加之断奶及环境应激等，对疾病的易感性更高，饲养难度也相对是最大的。保育猪在规模化猪场的各个饲养环节中，处于过渡阶段，其饲养的好坏直接关系到育肥舍猪只的生长速度以及出栏猪的质量。

图 5-1 保育猪

作为保育猪的饲养管理者，养好保育猪的前提是熟悉保育猪的特性。此外，还要热爱保育猪饲养工作，勇于担当，充分掌握保育猪的营养需要和生长规律，以精益求精的态度、吃苦耐劳的精神培养保育猪饲养操作职业素养和职业能力。同时，还要培养沟通协作的社会能力和可持续学习能力，才能科学、智慧地饲养、管理好保育猪，为育肥舍提供独立、优质猪苗，促进养猪业更好地发展。

本项目将完成 2 个学习任务，即配制或选择保育猪的日粮；饲养与管理保育猪。

| 任务一 配制或选择保育猪的日粮 |

✏️ **任务描述**

　　根据保育猪的营养需要特点，配制或选择适宜的保育猪日粮，合理使用保育猪饲料添加剂和发酵液体饲料，促进保育猪生长。

📖 **任务目标**

　　知识目标：

　　1. 能说出保育猪营养需要特点；

　　2. 能说出保育猪饲料添加剂种类。

　　技能目标：

　　1. 会配制或选择保育猪的日粮；

　　2. 会合理使用保育猪饲料添加剂和发酵液体饲料。

※ **任务准备**

保育猪的营养需求

　　保育猪的饲养是猪场能否取得经济效益的一个关键时期，同时也是猪群病菌易感期，这个阶段不但要保证安全稳定地完成断奶转群，还要为育成育肥打下良好的基础。

　　保育猪处于快速生长发育阶段，一方面对营养需求特别大，另一方面消化器官机能还不完善。断奶后的营养来源由母乳完全变成了饲料，母乳中可完全消化吸收的乳脂、蛋白质用谷物淀粉、植物蛋白代替，并且饲料中还含有一定量的粗纤维。仔猪对饲料的不适应是造成仔猪腹泻的主要原因，而仔猪腹泻是保育猪死亡的主要原因之一，因此满足保育猪的营养需求对提高猪场经济效益极为重要。前期饲喂人工乳，人工乳成分以膨化饲料为好（图5-2）。实践证明，膨化饲料不仅对仔猪消化非常有利，而且提高了适口性，降低了腹泻发生率。因此，保育猪的饲料必须营养平衡，含高能量、高蛋白质、品质优、易消化，青料新鲜。其营养成分应符合 10 ~ 20 kg 体重阶段饲养标准要求，即 1 kg 饲料中应含消化能 13.85 MJ、粗蛋白 19%、赖氨酸 0.78%、钙 0.64%、磷 0.54%、食盐 0.23%、脂肪 4% ~ 6%。

（一）保育猪日粮中添加剂种类

1. 调味剂

　　调味剂分甜味剂和香味剂（图5-3）。甜味剂主要是糖，一般用量为 2% ~ 3%；香味剂有乳香精、乳猪香、巧克力、柠檬等，添加量为 200 ~ 500 g/t；油脂也是一种香味剂，一般用量为 2% ~ 3%。

保育猪日粮中
添加剂种类

图 5-2 膨化饲料

图 5-3 调味剂、香味剂

2. 酶副剂

添加复合酶、植酸酶可以减少仔猪断奶后消化不良，提高 6% 的增重（图 5-4、图 5-5）。

图 5-4 猪用复合酶

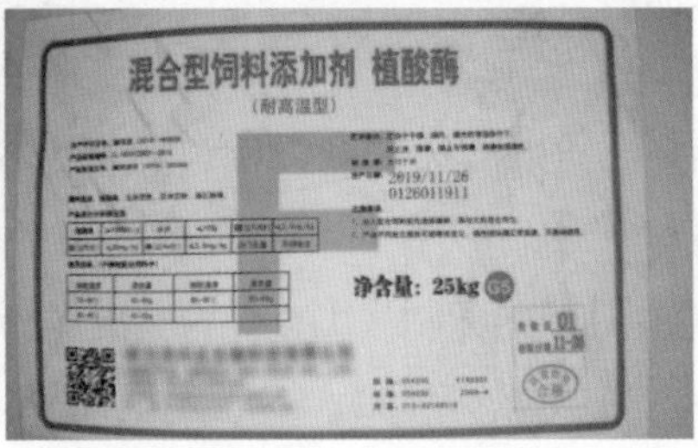

图 5-5 植酸酶

3. 有机酸

延胡索酸（图 5-6）添加量为 1.5% ~ 2%，柠檬酸（图 5-7）添加量为 1% ~ 3%。

4. 乳清粉

乳清粉（图 5-8）添加量为 15% ~ 20%。

图 5-6 延胡索酸

图 5-7 柠檬酸

图 5-8 乳清粉

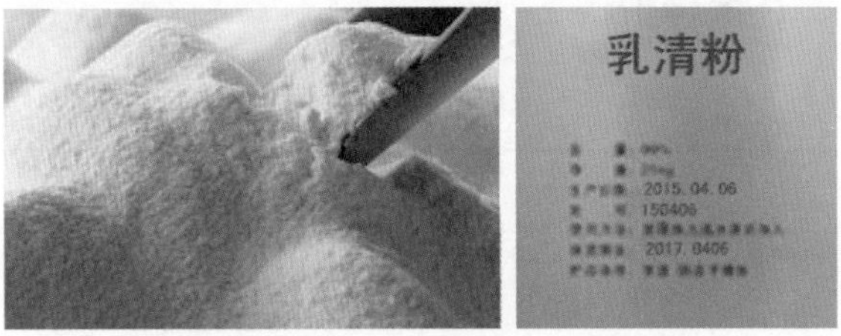

5. 油脂

油脂添加量以 3.4% 为宜。

（二）发酵液体饲料应用

1. 发酵液体饲料的优点

（1）维持肠道菌群微生态平衡，促进消化道健康。

（2）提高饲料适口性，改善生长性能。

（3）维持小肠绒毛生长，提高采食量。

（4）提高饲料利用率。

2. 发酵液体饲料在应用中存在的问题

（1）菌种质量控制困难　饲喂系统含大量杂菌、菌种含量太低不足以抑制有害菌、菌种不易存活、饲喂效果不稳定、菌种掺假等。

（2）调控操作复杂　在发酵过程中，氧气过多、密封不良、发酵温度过低、时间过短、发酵系统杂菌过多或有抗生素残留、原料酸碱度不佳等都会导致发不良甚至终止发酵。

※ 任务实施

配制或选择保育猪的日粮

1.目标

会根据保育猪的营养需要配制或选择适宜的保育猪日粮，合理选择保育猪饲料添加剂和发酵液体饲料。

2.材料

饲料添加剂、发酵液体饲料、饲料原料、不同蛋白质含量的饲料。

3.操作步骤

（1）保育猪日粮的配制　①查保育猪营养标准；②选择确定饲料原料；③计算机计算配方；④称量原料；⑤粉碎原料；⑥混合并加入添加剂；⑦制粒；⑧风干；⑨包装贮存。

（2）保育猪饲料的选择　①调查保育猪饲料品牌；②检查保育猪饲料质量；③分析保育猪饲料营养成分；④确定保育猪饲料的品牌选择。

（3）保育猪饲料添加剂的选择。

（4）保育猪发酵液体饲料选择。

※ 任务评价

"配制或选择保育猪的日粮"考核评价表

考核内容	考核要点	得分	备注
保育猪日粮的配制（40分）	1.查保育猪营养需要（10分） 2.原料质量鉴别（20分） 3.选择适宜的配制方法（10分）		
保育猪饲料的选择（30分）	1.教槽料：蛋白质水平与氨基酸水平要求（10分） 2.乳猪料：蛋白质水平与氨基酸水平要求（10分） 3.小猪料：蛋白质水平与氨基酸水平要求（10分）		
保育猪饲料添加剂的选择（20分）	1.确定添加剂的种类（10分） 2.适宜的添加量和方法（10分）		
保育猪发酵液体饲料选择（10分）	发酵液体饲料检查（菌种数量、时间）（10分）		
总分			
评定等级	□优秀（90~100分）；□良好（80~89分）；□一般（60~79分）		

任务反思

1. 说说保育猪营养需要特点。

2. 列举保育猪日粮中添加剂的种类。

3. 发酵液体饲料的优点有哪些?

任务二　饲养与管理保育猪

任务描述

今年 3 月份，小刘被分配到保育猪舍工作，场长要求小刘做好保育猪的饲养管理工作，饲喂好断奶仔猪群，使保育猪成活率 ≥ 98%，56 日龄转群平均体重 ≥ 19 kg，减少断奶应激，防止营养缺乏，防止仔猪黄痢病、白痢病。

任务目标

知识目标:

1. 能说出保育猪饲养要点;

2. 能说出保育猪管理要点。

技能目标:

1. 会饲养保育猪;

2. 会管理保育猪。

※ 任务准备

一、保育猪的行为及生理特点

1. 抗寒能力差

仔猪离开温暖的产房和母猪，需要一个适应过程，尤其对温度较为敏感，如果长期生活在 18 ℃以下的环境中，不仅影响其生长发育，还会诱发多种疾病。

2. 生长发育快

保育猪的食欲特别旺盛，常表现出抢食和贪食现象，若饲养管理方法得当，仔猪生长迅速，在 40 ~ 60 日龄体重可增加 1 倍。

3. 对疾病的易感性高

保育猪由于断奶失去了母源抗体的保护，而自身的主动免疫能力又未建立或不健全，对疾病十分易感（图5-9）。

保育猪入栏前
的准备工作

二、保育猪入栏前的准备工作

1.人员准备

饲养员熟悉保育猪饲养技术，经验丰富，固定专人负责。

2.栏舍准备

栏舍清洗顺序：打扫→消毒药液浸泡1小时→冲洗→干燥→消毒（图5-10）。

图5-9　生病的保育猪　　　　　　　图5-10　清扫、冲洗、消毒保育猪舍

3.设备检修

清除槽内余料，检查饮水器、供料装置、通风系统、电器设备和照明等。

4.工具准备

备齐扫把、铁铲和料桶等，并消毒、干燥，待用。

5.做好清洁与消毒

清洁与消毒必须在空圈后24小时内完成。将可移动的物品移开，彻底清洁（包括房顶、墙壁、排污沟等）；喷雾消毒1小时后冲洗、干燥待用。用常压水管将0.2%洗衣粉水或0.2%肥皂水喷洒浸泡2小时，用4～6kg压力的冲洗机彻底冲洗；待干后（夏秋季4～6小时，冬春季8～10小时），使用石灰浆喷涂猪舍1m以下的所有地面和墙壁消毒。金属隔栏使用碘制剂消毒备用；检查合格后，空栏净化通风3天（图5-11）。

6.检查猪群

转入保育舍的前1天，应到分娩舍检查仔猪健康状况（图5-12）。

图5-11　清洁、冲洗　　　　　　　图5-12　检查猪群
　消毒用具、圈舍

三、保育猪的饲养要点

1.确保饲料质量

喂料前检查饲料质量，观察颜色、颗粒状态、气味（图5-13）等，发现异常及时报告并加以处理。

保育猪饲养
要点

2.清理食槽

喂料前清理食槽，处理剩余饲料，将食槽清洗干净（图5-14）。

图5-13　检查饲料质量　　　　　图5-14　清洁饲槽

3.做好饲料过渡

仔猪从保温箱转入保育舍后2周内，继续喂教槽料。2周后逐渐过渡到乳猪料。56日龄体重达到19 kg时，逐渐改喂小猪料。换料时要有3～5天的过渡期。禁喂发霉、变质饲料。

4.控制仔猪的采食量

投放饲料量以猪只采食完成进入休息状态时，饲槽底部饲料覆盖50%为原则。每次饲喂量判断如图5-15所示。

80%覆盖
饲槽底

50%覆盖
饲槽底

15%覆盖
饲槽底

图5-15　饲槽底部饲料覆盖比例

5.确定饲喂次数

转入保育舍后2周内喂教槽料，每天喂4～5次；改喂乳猪料后逐步过渡到每天3～4次；改喂小猪料后逐步过渡到每天3次。

四、保育猪的管理要点

保育猪的管理要点

（一）环境管理

1.舍内温度调节

保育舍温度前7天调节为29～30℃，第8～35天逐渐下降到26℃。当气温高于28℃时应开窗通风降温；当气温低于18℃时，通过关闭门窗或开启暖风炉、地热来保温（图5-16）。保育舍的温度以仔猪群居平侧卧但不扎堆为宜。

2.注意通风

注意猪舍内有害气体浓度。通风与保温自动控制（图5-17）或根据人的感觉及时调整通风系统，经常打开走道上的风门。

图5-16　保育舍的保温　　　　　图5-17　自动通风控温系统的运行

3.保持圈舍卫生、干燥

圈舍每天清粪2次，加强猪群调教，训练猪群吃料、睡觉、排便"三定位"（图5-18）。注意猪舍内湿度，不用水冲洗仔猪栏圈。

（二）猪群管理

1.把握好转群时间

产房仔猪21日龄断奶后即转入保育舍（图5-19）；根据产房生产的仔猪实行批次管理，以便饲料、生物安全管理，彻底实行全进全出。

2.适宜密度

按每头占用0.4 m²安排栏位，每栏20～30头（图5-20）。

3.合理分群

按品种、用途、公母、强弱、大小分群、分圈饲养，遵守"留弱不留强""拆多不拆少""夜并昼不并"的原则，对并圈的猪只喷洒有味药液（如来苏儿、酒精），以清除气味差异；猪群转入头3天，饲养人员应加强猪群的调教和定位，值班看护（图5-21）。

图 5-18　保育猪"三定位"调教　　　　　　　图 5-19　转群

图 5-20　保育猪舍饲养密度　　　　　　图 5-21　并圈与分群

4.设备与猪群的检查

上班后和下班前，检查猪群采食和粪便状况，检查饮水器、料槽有无损坏（图 5-22）。

（三）病弱猪护理

对体重明显偏轻、体弱、疝气猪隔离饲养，及时进行护理（图 5-23）。

图 5-22　设备与猪群的检查　　　　　　图 5-23　病弱猪护理

（四）应激管理

转群时不要用棍棒抽打仔猪，投喂抗应激药物，防止外伤和应激。

（五）做好疾病防治，降低断奶仔猪的死亡率

1.彻底消毒

栏舍门口设消毒池（图5-24），人员进入猪舍要消毒；转猪设备用前用后彻底清洗消毒；猪群转出，猪舍空栏时应及时清洗消毒。

2.预防保健

转入保育舍后连续1周在饲料中添加抗菌剂保健，预防肺炎、下痢等疾病；或通过饮水加药，或转群时每头注射1针长效土霉素（图5-25），平时饲料中添加微生物菌剂。

图5-24　栏舍门口的消毒池　　　　　　图5-25　注射长效土霉素

3.定期驱虫

使用效果较好的驱虫药，主要有多拉菌素、伊维菌素（图5-26）、芬苯达唑、阿苯达唑及新型的伊维菌素（图5-27）和芬苯达唑复方驱虫药等。仔猪在42～56日龄时进行第1次驱虫效果比较好，连用3天。早期驱虫可以明显地提高仔猪的生长速度和饲料报酬。

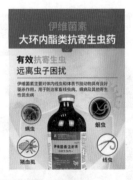 

图5-26　伊维菌素素　　　　　　图5-27　阿苯达唑伊维菌素粉

4.接种疫苗

按照免疫程序及时做好免疫注射，确保每头注射到位，注意观察免疫反应（图5-28）。

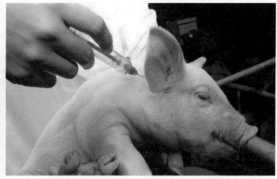

图 5-28　接种疫苗

5.病猪及时隔离治疗

无治疗价值猪及时淘汰，无害化处理。

6.做好记录

及时填写"猪群情况登记表""饲料登记表""病猪治疗用药登记表""猪场消毒记录表""病死猪无害化处理登记表"。

（六）保育舍猪饲养管理工作

1.保育舍猪一日饲养管理工作

（1）8：00—12：00（可适当调整），工作日程如下：

第一步　巡查猪只采食、饮水、粪尿、患病、猪舍设施、设备、水电等情况；

第二步　清理、清洗食槽，投喂饲料，检查饮水供给是否正常；

第三步　除粪、冲洗等清洁卫生工作；

第四步　消毒，配合兽医开展防疫、疾病诊治、断奶等；

第五步　调栏，补打耳牌等；

第六步　巡查处理猪舍水电、门窗等设施设备、猪只、饲料等状况，下班。

（2）14：00—18：00（可适当调整），工作日程如下：

第一至第五步同上午日程；

第六步　完成报表、工作日报等；

第七步　巡查处理猪只、猪舍设施设备、水电等，下班。

2.每天必查项目

（1）猪只　巡查后备种猪采食、饮水、吃料、粪尿、患病、跛行、子宫阴道炎、精神不振和发情猪只等情况。有异常必须当即记录和报告情况。

（2）水　巡查水龙头、饮水器有无损坏；出水量、水压是否正常。

以上两项由车间当即解决。

（3）每周四必查项目　①电。巡查供电情况及电气设备等的完好情况。②设施设备。巡查排气扇、吊扇、风机、水帘等的运行情况。③圈栏。巡查圈栏、地面、漏缝地板等的完好情况。④圈舍。巡查圈舍屋顶、门窗、墙壁等的完好情况。⑤排污系统。巡查排污沟、管排放是否正常。以上5项由车间配合后勤组解决，同时汇报场长。⑥保育猪只。巡查生产保育猪采食、饮水、粪尿、患病等情况。

保育舍正常猪和不正常猪的区别见表5-1。

表5-1　保育舍正常猪和不正常猪的区别

不正常	正常	不正常	正常
背毛粗糙	光滑	张嘴喘气	呼吸正常
不活泼	活泼	猪群大小不均	均匀一致
饥饿	饱食	瘦小	肥胖
跛行	行走正常	脓包	无脓包
扎堆	分布均匀		

猪只巡查过程中发现任何异常，应立即汇报兽医解决相应问题。统计好病死仔猪，填写相关报表。

※ 任务实施

一、保育猪的饲喂操作

1.目标

做到保育猪断奶后的饲料过渡，满足保育猪的营养要求，防止保育消化不良和营养缺乏。

2.材料

计算器、保育猪饲料、饲喂用具、清洁工具。

3.操作步骤

（1）选择饲料，用教槽料继续喂2周，2周后逐渐过渡到喂乳猪料；56日龄，逐渐改喂小猪料。

（2）计算猪只饲料用量，即八成饱饲喂量。

（3）添加抗应激药物。

（4）确定饲喂次数：教槽料时，4次/天；改乳猪料后逐步过渡到3次/天；改小猪料后逐步过渡到2次/天。

（5）饲槽清洁，投喂饲料。

（6）观察猪只采食情况。

二、保育舍的管理操作

1.目标

做到保育猪的环境过渡、温度管理、猪群管理、病弱猪的护理，给保育猪营造一个良好的生活环境，降低保育猪应激，实现保育猪的顺利过渡。

2.材料

保育舍设施、设备、水电、温湿度控制系统、通风系统。

3.操作步骤

（1）人员进入猪舍消毒；

（2）环境温度、湿度、通风检查，并根据现场情况进行调控；

（3）检查饮水供给是否正常；

（4）做好清洁卫生；

（5）巡查猪只，病猪及时隔离治疗或无害化处理，并报告；

（6）保健，转入保育舍后连续1周在饲料中添加抗菌剂保健，转群时每头注射1针长效土霉素，平时饲料中添加微生物菌剂。

※ 任务评价

"保育猪的饲喂操作"考核评价表

考核内容	考核要点	得分	备注
选择饲料（10分）	1.乳猪料的选择（5分） 2.小猪料的选择（5分）		
计算猪只饲料用量（10分）	1.每只一天饲喂量（5分） 2.每只一次饲喂量（5分）		
添加抗应激药物（10分）	1.选择抗应激药物（5分） 2.计算用量与添加（5分）		
确定饲喂次数（30分）	1.教槽料饲喂次数（10分） 2.乳猪料饲喂次数（10分） 3.小猪料喂次数（10分）		
饲槽清洁，投喂饲料（30分）	1.饲槽清洁（10分） 2投喂饲料量（10分） 3.饲料过渡（10分）		
观察猪只采食情况（10分）	采食的状态和完成情况（10分）		
总分			
评定等级	□优秀（90～100分）；□良好（80～89分）；□一般（60～79分）		

"保育舍的管理操作"考核评价表

考核内容	考核要点	得分	备注
人员进入猪舍消毒（20分）	1.进入保育舍更衣（10分） 2.消毒（10分）		
环境温度、湿度、通风检查（30分）	1.温度检查与调节（10分） 2.湿度检查与调节（10分） 3.空气检查与通风（10分）		
饮水检查（10分）	1.饮水畅通情况检查（10分） 2.水质检查（10分）		
清洁卫生（20分）	1.清扫（10分） 2.冲洗（10分）		

续表

考核内容	考核要点	得分	备注
巡查猪只（10分）	1.巡查猪只（猪群）健康状况（5分） 2.报告（5分）		
猪只保健（10分）	过渡期注射保健针，平时饲料中添加微生物制剂（10分）		
总分			
评定等级	□优秀（90～100分）；□良好（80～89分）；□一般（60～79分）		

？任务反思

1. 保育猪饲养操作要点有哪些？

2. 保育猪管理要点有哪些？

3. 说说保育舍猪一日饲养管理工作内容。

※ 项目小结

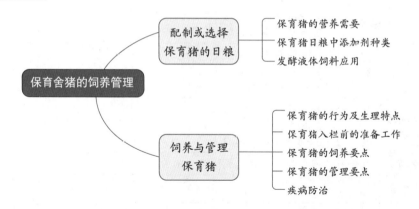

保育舍猪的饲养管理

配制或选择保育猪的日粮
- 保育猪的营养需要
- 保育猪日粮中添加剂种类
- 发酵液体饲料应用

饲养与管理保育猪
- 保育猪的行为及生理特点
- 保育猪入栏前的准备工作
- 保育猪的饲养要点
- 保育猪的管理要点
- 疾病防治

项目测试

一、单项选择题

1. 保育猪一般指（　　　）日龄阶段的猪。

　　A.1～10　　　　B.断奶～75　　　　C.80～120　　　　D.120～上市

2.1 kg保育猪饲料中粗蛋白含量应为（　　　）。

　　A.16%　　　　B.17%　　　　C.19%　　　　D.21%

3. 保育猪日粮中乳清粉添加量可以为（　　　）。

　　A.1%～5%　　　　B.6%～10%　　　　C.15%～20%　　　　D.25%～30%

4. 保育猪如果长期生活在（　　　）以下的环境中，不仅影响其生长发育，还会诱发多种疾病。

　　A.18 ℃　　　　　　B.22 ℃　　　　　　C.25 ℃　　　　　　D.28 ℃

5. 金属隔栏应使用（　　　）消毒。

　　A. 石灰浆　　　　　B. 碘制剂　　　　　C.0.2% 洗衣粉水　　　D.0.2% 肥皂水

6. 断奶前期饲喂人工乳，人工乳成分以（　　　）饲料为好。

　　A. 普通饲料　　　　B. 浓缩饲料　　　　C. 膨化饲料　　　　D. 中猪料

7. 转入保育舍后 2 周内喂教槽料时，每天喂（　　　）次。

　　A.2　　　　　　　　B.3　　　　　　　　C.4　　　　　　　　D.5

8. 保育舍前 7 天的温度为（　　　）。

　　A.15 ～ 20　　　　B.20 ～ 25　　　　C.25 ～ 30　　　　D.29 ～ 30

9. 保持圈舍卫生、干燥，每天清粪（　　　）次。

　　A.1　　　　　　　　B.2　　　　　　　　C.3　　　　　　　　D.4

10. 保育猪每栏（　　　）头适宜。

　　A.10 ～ 20　　　　B.20 ～ 30　　　　C.30 ～ 40　　　　D.40 ～ 50

二、多项选择题

1. 以下属于保育猪添加剂的是（　　　）。

　　A. 调味剂　　　　　B. 复合酶　　　　　C. 有机酸　　　　　D. 乳清粉

2. 以下属于保育猪环境管理要点的是（　　　）。

　　A. 合理分群　　　　　　　　　　　B. 舍内温度调节

　　C. 注意通风　　　　　　　　　　　D. 保持圈舍卫生、干燥

3. 以下选项中属于保育猪入栏前的准备工作的有（　　　）。

　　A. 人员准备　　　B. 栏舍准备　　　C. 设备检修　　　D. 做好清洁与消毒

三、判断题

1. 保育猪是指断奶到 10 周龄或断奶至 60 ～ 75 日龄阶段的仔猪。　　（　　　）

2. 转入保育舍后 2 周内喂教槽料时，每天喂 3 次。　　（　　　）

3. 当气温低于 25 ℃时，通过关闭门窗或开启暖风炉、地热来保温。　　（　　　）

4. 分群应遵守"留弱不留强""拆多不拆少""夜并昼不并"的原则。　　（　　　）

5. 保育猪的换料不需要过渡期。　　（　　　）

6. 保育舍的温度以仔猪群居平侧卧但不扎堆为宜。　　（　　　）

7. 猪群转入头 3 天饲养人员应加强猪群的调教和定位，值班看护。　　（　　　）

8. 投放饲料量以猪只采食完成进入休息状态时，饲槽底部饲料覆盖 50% 为原则。　　（　　　）

9. 栏舍清洗顺序为打扫→消毒药液浸泡 1 小时→冲洗→干燥。　　（　　　）

10. 使用 0.2% 洗衣粉水或 0.2% 肥皂水喷洒猪舍 1 m 以下的所有地面和墙壁消毒。　　　　　　　　　　　　　　　　　　　　　　　　（　　　）

四、填空题

1. 保育舍在规模化猪场的各个环节中，处于_____阶段。

2. 添加植酸酶可以减少仔猪断奶后的_____阶段。

3. 保育猪的食欲特别旺盛，常表现出_____和_____现象。

4. 保育猪由于断奶而失去了_____的保护，而自身的主动免疫能力又未建立或不健全，对疾病十分易感。

5. 仔猪从保温箱转入保育舍后 2 周内，继续喂_____料。

6. 转入保育舍后 2 周内喂教槽料时，每天喂_____次。

7. 转群时不要用棍棒抽打仔猪，防止_____和_____。

8. 转入保育舍后连续 1 周在饲料中添加_____保健，预防肺炎、下痢等疾病。

9. 保育猪的平时饲料中宜添加_____制剂。

10. 猪群转出，猪舍空栏时应及时_____。

五、简答题

1. 发酵液体饲料的优点有哪些？

2. 保育猪入栏前应做好哪些准备工作？

3. 保育猪的饲养要点有哪些？

4. 保育猪的管理要点有哪些？

5. 如何做好保育猪舍的疾病防治，降低断奶仔猪的死亡率？

项目六

育肥舍猪的饲养管理

【项目导入】

我国是世界上最大的生猪繁育和猪肉生产与消费国。猪肉是目前我国居民餐桌上重要的动物性食品之一，中国一年要生产和消费 5 亿头猪，占全球猪肉生产和消费量近一半。而每个中国人平均一年要消费近 40 千克猪肉，远远高于牛羊肉和其他所有肉类的总和。

近年来，含瘦肉精、抗生素超标等猪肉事件屡被曝光，猪肉品质受到质疑。民以食为天，食以安为先，安以质为本，质以诚为根。要让老百姓吃到放心猪肉、生态猪肉，养殖者须守住诚信的道德底线，树立环保理念，建立生物安全屏障，研究优质生态饲料，科学饲养。作为新时代的农科人才应奋勇当先、刻苦学习专业知识、锤炼品格、提升职业素养，成为安全猪肉生产的主力军。

本项目将完成 2 个学习任务，即配制或选择育肥猪的日粮、饲养与管理育肥猪。

| 任务一　配制或选择育肥猪的日粮 |

✎ **任务描述**

　　根据育肥猪的营养需要特点，配制或选择适宜的育肥猪日粮，采用合理的饲养方式，以促进育肥猪生长。

📖 **任务目标**

知识目标：

1. 能说出育肥猪营养需要的特点；

2. 能说出育肥猪饲料所需原料。

技能目标：

1. 会配制育肥猪的日粮；

2. 会合理选择育肥猪的日粮。

※ 任务准备

一、育肥猪（图6-1）的营养需求

选择配制育肥
猪的日粮

图6-1　育肥猪

　　仔猪断奶后就进入了生长肥育阶段，此阶段消耗了其一生所需饲料的75%～80%，占养猪总成本的50%～60%。因此，这一阶段的营养与饲料供给对养猪整体效益至关重要。

　　1.能量供给

　　能量饲料包括玉米、小麦、米糠、马铃薯等（图6-2、图6-3），起到供能的作用，体重在60 kg以下的生长育肥猪，能量摄入量通常是增重和瘦肉生长的限制因素，我国的猪日粮能量普遍偏低，在不限量饲养的条件下，肉猪有自动调节采食而保持进食能量守恒的能力，因此饲料能量浓度在一定范围内变化对肉猪的生长速度、饲料利用率和胴体瘦肉率并没有显著影响。但当饲料能量浓度降至10.8 MJ/kg消化能时，对肉猪增重、饲料利用率和胴体瘦肉率有较显著的影响，生长速度和饲料利用率降低，胴体瘦肉率提高；降至8.8 MJ/kg消化能时，则会显著减少猪的日进食能量总量，进而严重降低猪的增重和饲料利用率，但胴体会更瘦。而提高饲料能量浓度，能提高增重速度和饲料利用率，但胴体较肥。针对我国目前的养猪实际，兼顾猪的增重速度、饲料利用率和胴体瘦肉率，饲料能量浓度以11.9～13.3 MJ/kg消化能为宜，前期取高限，后期取低限。为追求较瘦的胴体，后期还可适当降低。实践证明，采用高能日粮，饲养周期可缩短20～25天。

图 6-2 马铃薯　　　　　　　　　　　图 6-3 玉米

2. 蛋白质供给

由于品种不断改良，肉猪的蛋白质沉积能力大幅度提高，即使猪的体重在 60 kg 以上，只要日粮供给充足的能量和氨基酸，也能生长较多的瘦肉，因此，为了提高胴体的质量，必须提高日粮营养水平。在生产实际中，应根据不同类型猪瘦肉生长的规律和对胴体肥瘦要求来制订相应的蛋白质水平。

蛋白质包括大豆粕（图 6-4）、鱼粉（图 6-5）等，对于高瘦肉生长潜力的生长育肥猪，前期（60 kg 体重以前）蛋白质水平为 16% ~ 18%，后期为 13% ~ 15%；而对于中等瘦肉生长潜力的生长育肥猪，前期为 14% ~ 16%，后期为 12% ~ 14%。对于高瘦肉生长潜力的生长育肥猪，前期（60 kg 体重以后）蛋白质水平为 12% ~ 14%，后期为 11% ~ 13%；而对于中等瘦肉生长潜力的生长育肥猪，前期为 12% ~ 14%，后期为 10% ~ 12%。为获得较瘦的胴体，可适当提高蛋白质水平，但要考虑提高胴体瘦肉率所增加的收益能否超出提高饲料粗蛋白质水平而增加的支出。

图 6-4 大豆粕　　　　　　　　　　　图 6-5 鱼粉

3. 矿物质元素供给

矿物质饲料包括骨粉（图 6-6）、硫酸铜（图 6-7）、磷酸氢钙等，给育肥猪提供铁、铜、锰等微量元素。育肥猪饲料一般主要计算钙、磷及食盐（钠）的含量。生长猪每沉积体蛋白 100 g（相当于增长瘦肉 450 g），就要沉积钙 6 ~ 8 g、磷 2.5 ~ 4 g、钠 0.5 ~ 1.0 g。根据上述生长猪矿物质的需要量及饲料矿物质的利用率，生长猪饲料在 20 ~ 50 kg 体重阶段钙 0.60%，总磷 0.50%（有效磷 0.23%）；50 ~ 100 kg 体重阶段钙 0.50%，总磷 0.40%（有效磷 0.15%）。食盐通常占风干饲料的 0.30%。生长猪对维生素的吸收和利用率还难准确测定，目前饲养标准中规定的需要量实质上是供给量。而在配制饲料时一般不计算原料中各种维生素的含量，靠添加维生素添加剂满足需要。

图6-6 骨粉

图6-7 硫酸铜

4. 粗纤维的供给

粗纤维包括红薯藤（图6-8）、青菜、萝卜（图6-9）等。粗纤维的含量是影响饲料适口性和消化率的主要因素，饲料粗纤维含量过低，肉猪会出现拉稀或便秘。饲料粗纤维含量过高，则适口性差，并严重降低饲料养分的消化率，同时由于采食的能量减少，降低猪的增重速度，也降低了猪的膘厚，所以纤维水平也可用于调节肥瘦度。为保证饲料有较好的适口性和较高的消化率，生长育肥猪饲料的粗纤维水平应控制在6%～8%，若将肥育分为3个时期，那么10～30 kg体重阶段粗纤维含量不宜超过3.5%，30～60 kg阶段粗纤维含量不超过4%，60～90 kg阶段粗纤维含量应控制在7%以内。在决定粗纤维水平时，还要考虑粗纤维来源，稻壳粉、玉米秸秆粉、稻草粉、稻壳酒糟等高纤维粗料，不宜喂肉猪。

图6-8 红薯藤

图6-9 萝卜

5. 饲料添加剂

（1）营养性添加剂　包括维生素（图6-10）、氨基酸（图6-11）等，用量很少但作用显著，能强化饲料营养，提高生产性能，提升畜产品品质等。

图6-10 复合多维粉

图6-11 复合氨基酸粉

（2）非营养性添加剂　天然饲料中没有，主要起抗氧化、保健、促生长、驱虫防病等作用。非营养性添加剂包括驱虫药（图6-12）、抗菌剂、益生菌（图6-13）等。

图 6-12 驱虫药

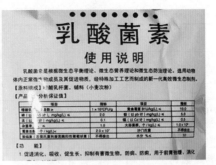
图 6-13 益生菌添加剂

二、饲料的配制与类型

按品种不同、性别不同配制多阶段日粮，从而充分发挥各阶段的遗传生长潜能。育肥猪一般应采用三阶段日粮，第一阶段：10 ~ 25 kg 仔猪育肥；第二阶段：25 ~ 60 kg 生长育肥；第三阶段：60 kg 到出栏。刚转入肥育舍时，仍要喂 10 ~ 15 天保育猪料，饲喂次数前期日饲喂 4 次，中期日饲喂 3 次，后期日饲喂 2 ~ 3 次。饲喂湿拌料，有利于提高采食量。

（一）饲料的配制

育肥猪日粮配比见表 6-1—表 6-3。

表 6-1 10 ~ 25 kg 仔猪参考日粮配比

原料	配比 /%	原料	配比 /%
玉米	57.10	磷酸氢钙	1.80
麦麸	5.00	石粉	1.00
豆油	1.00	食盐	0.40
酒糟蛋白饲料（DDGS）	2.00	赖氨酸	0.60
豆粕	25.00	蛋氨酸	0.10
鱼粉	2.00	预混料	4.00

表 6-2 25 ~ 60 kg 生长猪参考日粮配比

原料	配比 /%	原料	配比 /%
玉米	59.80	石粉	1.00
麦麸	8.00	食盐	0.40
DDGS	4.00	赖氨酸	0.20
豆粕	20.00	蛋氨酸	0.10
鱼粉	1.00	预混料	4.00
磷酸氢钙	1.50		

表6-3　60 kg- 出栏猪参考日粮配比

原料	配比 /%	原料	配比 /%
玉米	59.40	石粉	0.80
麦麸	11.00	食盐	0.35
DDGS	8.00	赖氨酸	0.15
豆粕	15.00	预混料	4.00
磷酸氢钙	1.30		

（二）饲料生产工艺

1. 原料接收

选择适宜的原料的种类和饲料添加剂，根据猪只情况制订营养标准参数，设计饲料配方。

2. 粉碎

玉米、高粱等谷实饲料都有坚硬的种皮或软壳，喂前粉碎或压片则有利于采食和消化；玉米等谷实的粉碎细度以微粒直径 1.2 ~ 1.8 mm 为宜（图 6-14）。此种粒度的饲料，肉猪采食爽口，采食量大，增重快，饲料利用率也高。粉碎过细，会降低猪的采食量，影响增重和饲料利用率，同时增加患胃溃疡的概率。粉碎细度也不能绝对不变，当含有部分青饲料时，粉碎粒度稍细既不致影响适口性，也不致造成胃溃疡（图 6-15）。青绿多汁饲料，不用粉碎，只需打浆或切碎饲喂即可。

图 6-14　玉米粉碎　　　　　图 6-15　白菜生喂

3. 配料

将不同的配料按照配方比例进行配制。

4. 饲料混合

将配制好的饲料，使用饲料混合机进行充分混合，以确保饲料均匀度和稳定性。

5. 制料

（1）粉料　充分混匀后的配制饲料，可作为干粉料成品直接饲喂（图 6-16）。只要保证充足饮水就可以获得较好的饲喂效果，而且省工省时，便于应用自动饲槽进行饲喂。将料和水按一定比例混合后饲喂，既可提高饲料的适口性，又可避免产生饲料粉尘，但加水量不宜过多，一般料水比例为 1 ：（0.5 ~ 1.0），调制成潮拌料或湿拌料，在加水后手握成团、松手散开即可。如将料水比例加大到 1 ：（1.5 ~ 2.0），即成浓粥料，虽不影响饲喂效果，但需用料槽喂，费工费时，夏季在喂潮拌料或湿拌料时，要特别注意饲料腐败变质。饲料中加水量过多，会使饲料过稀，一则影响猪的干物质采食量，二则冲淡胃液不利于消化，三是多余的水分需排出，造成生理负担，降低增重和饲料利用率。因此，应改变农家养猪喂稀料的习惯。

（2）颗粒料　将配制好的干粉料制成颗粒状（直径 7 ~ 16 mm）（图 6-17）饲喂，多数试验表明，颗粒料喂育肥猪优于干粉料，约可提高日增重和饲料利用率8% ~ 10%，但加工颗粒料的成本高于干粉料。

图 6-16　粉料饲喂　　　　　　　图 6-17　颗粒料直径 7 ~ 16 mm

※ 任务实施

配制或选择育肥猪的日粮

1. 目标

会根据育肥猪的营养需要配制或选择适宜的育肥猪日粮。

2. 材料

饲料添加剂、饲料原料、不同蛋白质含量的饲料。

3. 操作步骤

（1）育肥猪日粮的配制；

（2）育肥猪饲料的选择。

※ 任务评价

"配制或选择育肥猪的日粮"考核评价表

考核内容	考核要点	得分	备注
育肥猪日粮的配制 （30分）	1. 查育肥猪营养需要（10分） 2. 原料质量鉴别（10分） 3. 选择适宜的配制方法（10分）		
育肥猪饲料的选择 （30分）	1. 能量饲料水平的要求（10分） 2. 蛋白质水平的要求（10分） 3. 粗纤维与矿物质的水平要求（10分）		

续表

考核内容	考核要点	得分	备注
育肥猪饲料添加剂的选择（20分）	1. 氨基酸、维生素的水平要求（10分） 2. 非营养性添加剂的水平要求（10分）		
饲料的配制与类型选择（20分）	1. 饲料的配制（10分） 2. 饲料类型的选择（10分）		
总分			
评定等级	□优秀（90～100分）；□良好（80～89分）；□一般（60～79分）		

？任务反思

1. 说说育肥猪营养需要的特点。

2. 列举育肥猪日粮中添加剂的种类。

任务二　饲养与管理育肥猪

任务描述

　　健康饲养与管理育肥猪是中职畜禽生产技术专业教学中的一项重要任务。随着现代畜牧业的发展，健康饲养技术已经成为保障猪只健康、提高育肥猪品质和养殖效益的重要手段。小刘被分到育肥猪舍担任饲养员，接下来他的主要工作是饲养与管理育肥猪。

任务目标

　　知识目标：

　　1. 能说出育肥猪的饲养要点；

　　2. 能说出育肥猪的管理要点。

　　技能目标：

　　1. 会饲养转群育肥猪；

　　2. 会管理育肥猪。

※ **任务准备**

一、育肥猪的行为及生理特点

育肥猪是指仔猪保育结束进入生长舍饲养，直至出栏的肉猪。生猪育肥阶段一般为16.5周（70～180日龄），此阶段是猪生长发育最快的时期，也是养猪者获得经济效益的重要时期，生产目的是花费较少的饲料，用最短的时间，获得较快的增重速度和较为理想的肉质，增加经济效益。

饲养与管理
育肥猪

依据育肥猪的生理特点，我们将其划分为两个阶段，即生长期和育肥期。

（一）生长期猪（图6-18）

生长期猪的体重为20～60 kg，此阶段是猪骨骼和肌肉发育高峰期，脂肪增长缓慢，此时应供给蛋白质含量丰富、矿物质和维生素充足、营养全面的优质饲料。

（二）育肥期猪（图6-19）

育肥期猪是指猪的体重为60 kg至出栏的猪，此阶段是猪脂肪发育的高峰期，肌肉和骨骼生长较为缓慢。为提高瘦肉率，此时应减少蛋白质和能量的供给，适当增加一些青饲料、粗饲料，以降低饲料成本。

图6-18　生长期猪　　　　　　　　　　图6-19　育肥期猪

二、育肥猪进栏前准备

"全进全出"猪舍消毒程序如下：

（1）严格做到全进全出。生长育肥猪转走后要认真清扫房顶、猪栏、走道、门窗，转走剩余饲料及药品等，清洗必须在空圈后24小时内完成。

（2）水浸泡后用高压冲洗机逐一彻底冲洗猪栏、食槽、走道、水泥地面及粪沟，再用2%烧碱溶液消毒粪沟和无金属部件的地方，作用4～6小时后彻底冲洗（图6-20）。

（3）待干后（夏秋季4～6小时，冬春季8～10小时），使用石灰浆喷涂猪舍1 m以下的所有地面和墙壁。金属隔栏使用碘制剂消毒备用。

（4）检查合格后，空栏净化3天（图6-21）。

（5）检查猪栏设备及饮水器是否正常，对不能正常运作的设备应及时维修（图6-22、图6-23）。

图 6-20　消毒

图 6-21　空栏净化

图 6-22　饮水设备检修

图 6-23　圈舍检修

三、育肥猪的饲养要点

头一天计划第二天喂料品种、数量（表6-4），报场长审核，库管员发放，叉车工运输至车间门口。

（1）喂料前检查饲料质量　观察饲料颜色、颗粒状态、气味等，发现异常停止饲喂并报告场长。

（2）喂料前清理食槽　处理剩余饲料，将食槽清洗干净。

（3）饲料饲喂方法　①生长育肥猪饲喂按"四阶段"饲养法进行，按照饲料营养手册的要求饲养。②每天投料次数随猪的不同阶段而变化，但基本原则是保证其自由采食（图6-24）、食槽内随时有饲料，但又不能造成浪费。③仔细观察猪只吃料情况，记录采食不好的猪只并加以精心照料或治疗，保证生长育肥猪多吃快长。④投放饲料量以猪只采食完成进入休息状态时，饲槽底部饲料覆盖50%为原则（图6-25）。

表 6-4　喂料量参考标准

阶段 /kg	饲喂量 /kg	日饲喂次数 / 次
15 ~ 25	1.0 ~ 1.8	4
25 ~ 60	1.8 ~ 2.3	3
60 ~ 90	2.3 ~ 3	2 ~ 3

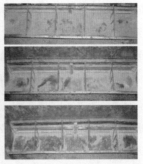

图 6-24 自由采食并观察　图 6-25 检查槽底饲料

四、育肥猪的管理要点

（一）环境管理

1.环境控制

肥育舍适宜温度为 20 ~ 25 ℃，湿度为 50% ~ 65%（图 6-26）。

2.通风

栏舍要通风，空气要流通，减少空气中有害气体的浓度（图 6-27）。

3.保持圈舍卫生、干燥

训练猪群吃料、睡觉、排便"三定位"。

图 6-26 降温水帘　图 6-27 通风设备

（二）猪群管理

1.分群

猪具有群居的生物学特性，在肉猪饲养中群饲可充分利用畜舍和设备，便于管理，提高劳动效率；又可利用猪的同槽争食增进食欲，促进生长发育，但群饲以同窝为一群最好。因为来源不同的猪并群时，往往出现剧烈的咬斗，相互攻击，强行争食，分群躺卧；各据一方，这些行为严重影响了猪群生产性能的发挥，个体间增重差异可达 13%。需要把不同窝不同来源的猪合群饲养时，应尽量把品种相同，体重、体质和吃食速度相近的猪编为一群，把弱小或有病的猪挑出单独分批饲养。原窝猪在哺乳期就已经形成的群居秩序，肉猪期仍保持不变，这对肉猪生产极为有利。但在同窝猪整齐度稍差的情况下，难免出现弱猪或体重轻的猪，可把来源、体重、体质、性格和吃食速度等方面相近的猪合群饲养，同一群猪个体间体重差异不能过大，分群后要保持群体的相对稳定。

猪群位次关系确定后，要保持稳定，直至出栏。在肥育期间不要变更猪群，否则每重新合群一次，就会由于咬斗，影响增重，使肥育期延长。为尽量降低合群时咬斗对增重的影响，一般把较弱的猪留在原圈，把较强的猪调进弱的猪圈内，因为到新环境，猪有一定恐惧心理，可减弱强猪的攻击性。另外，可把数量少的猪留原圈，把数量多的外群猪调入数量少的群中；合群应在猪未吃食的晚上进行。总之遵循"留弱不留强""拆多不拆少""夜并昼不并"等原则，减轻咬斗的强度，在猪合群后要有人看管，干涉咬斗行为，控制并制止强猪的攻击。如果猪群太大，则咬斗常有发生，固定的位次关系不能建立，影响猪的增重，因此，在育肥猪分群时，最好以同窝猪为一群。

（1）把握转群时间　根据保育舍猪只分流情况接受猪群。保育舍保育 28 ~ 42 天后、体重达到 18 ~ 27 kg 转入生长育肥舍。

（2）实行批次管理　生长育肥舍根据转出来的猪只实行批次管理，以便饲料、兽医、生物安全管理，彻底实行全进全出。

（3）分栏饲养　猪群转入后按强弱、大小分群、分圈饲养（图 6-28），按照猪只体重安排圈栏，对体弱瘦小、疝气猪隔离饲养。

（4）密度　密度过大或过小、环境单调等因素，易引发猪的自残现象，如咬耳、咬尾等行为，影响肥育效果。育肥猪适宜饲养密度参考表 6-5、图 6-29。

表 6-5　育肥猪适宜饲养密度

体重阶段 /kg	每栏数量 / 头	每头猪最小占地面积 /m²		
		实地面积	部分漏缝地板	全漏缝地板
18 ~ 45	20 ~ 30	0.74	0.37	0.37
45 ~ 68	10 ~ 15	0.92	0.55	0.55
68 ~ 95	10 ~ 15	1.10	0.74	0.74

图 6-28　转群、分群　　　　　　　图 6-29　饲养密度

2. 调教

调教就是根据猪的生物学习性和行为学特点进行引导与训练，使猪只养成在固定地点排泄、躺卧、进食的习惯，不仅减轻劳动强度，又保持栏内清洁干燥，既有利于猪只

自身的生长发育和健康，也便于进行日常的管理工作。猪喜欢睡卧，在适宜的栏养密度下，约有60%的时间卧或睡。猪一般喜睡卧在高处、平地、栏角阴暗处、木板上、垫草上，热天喜欢睡在风凉之处，冬天喜欢睡在避风暖和之处；猪爱清洁，排粪、尿有固定的地点，一般在洞口、门口、低处、湿处、栏角排粪、排尿，并在喂食前后和睡觉刚起来时排粪。猪有合群性，但也有强欺弱、大欺小的特性，猪只之间主要靠气味进行联系。猪对吃喝的声音很敏感。掌握上述这些习性，就能做好调教工作。

猪在合群或调入新圈时，要抓紧调教。调教重点抓好两项工作：

（1）防止抢夺争食　在重新组群和新调圈时，猪要建立新的群居秩序，为使所有猪都能均匀采食，除了要有足够长的饲槽外，对于争食的猪要勤赶，使不敢采食的猪能得到采食，帮助建立群居秩序，分开排列，均匀采食。

（2）固定生活地点　使吃食、睡觉、排便"三定位"，保持猪圈干燥清洁。通常将守候、勤赶、积粪、垫草等方法单独或交错使用进行调教。例如，在调入新圈时，把圈栏打扫干净，在猪床上铺少量垫草，饲槽内放入饲料，并在指定排便处堆放少量粪便，然后将猪赶入新圈，督促其到固定地点排便。如果有猪未在指定地点排便，应将其拉在地面的粪便清扫干净，并坚持守候、看管和勤赶，这样，很快就能使猪只养成定位的习惯。猪经积粪引诱其排便无效时，利用猪喜欢在潮湿处排便的习性，可洒水于排便处进行调教。

（三）病弱猪护理（图6-30）

注意观察猪群的健康状况，发现病猪及时隔离护理与治疗，严重或原因不明时上报。

病弱的猪只，猪栏多加1～2个保温灯，圆形料槽水料（水、料比2∶1）饲喂，添加米粥、南瓜粥、鸡蛋（每天2个）等营养物质，提高病弱猪的抵抗力。

图6-30　病弱猪护理

（四）应激管理

转群时不要用棍棒抽打仔猪，防止外伤，投喂抗应激药物［维C 1 g/（头·天）+多维或者优乐舒0.5 g/（头·天）］，早晚各一次，后喂清水。

（五）销售

育肥猪体重在120 kg前料重比最佳，提前两天挑选出110日龄左右、体重达标的商品育肥猪，配合销售部出售。

生产标准与计算方法见表6-6。

表6-6　生产标准与计算方法

生产指标	计算方法	标准
生长猪成活率	生长猪成活数/生长猪期初转入数×100%	96%
25～100 kg日增重	增重/饲养天数	600～800 g

续表

生产指标	计算方法	标准
料肉比	饲料耗用量／猪群增重比	2.4∶1
出栏合格率	出栏数／阶段存栏数×100%	98%

（六）育肥猪疾病防治

1.彻底消毒

消毒流程如图 6-31—图 6-39 所示。

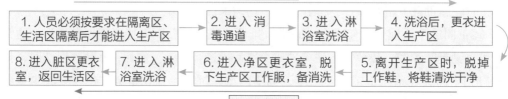

图 6-31　消洗流程图

图 6-32　隔离区消洗

图 6-33　消毒通道

图 6-34　消洗室

图 6-35　超声波喷雾消毒

图 6-36　更衣

图 6-37　进入生产区

图 6-38　出生产区——工作鞋消洗

图 6-39　出生产区——工作服消洗

2.预防保健

转入育肥舍后连续1周在饲料中添加抗菌剂保健，或转群时每头猪注射1针长效土霉素，平时在饲料中添加微生物菌剂，预防疾病。

3.定期驱虫

通常在90日龄时进行第一次驱虫，必要时在135日龄左右时进行第二次驱虫。

4.接种疫苗

按照免疫程序及时做好免疫注射，确保每头猪注射到位，注意观察免疫反应情况。猪场免疫程序见表6-7。

表6-7　猪场免疫程序

日龄	疫苗	种类	剂量	免疫方式	备注
1 日	伪狂犬	活疫苗	1 头份	滴鼻	
7 日	支原体	灭活疫苗	1 mL	颈部肌内注射	1.GP 及以上级别猪场全年免疫； 2.其他场 9 月至次年 4 月免疫
14 日	蓝耳	活疫苗	0.5 头份	颈部肌内注射	GGP 蓝耳保阴场不免疫
21 日	圆环	灭活疫苗	1 头份	颈部肌内注射	
	支原体	灭活疫苗	1 mL	颈部肌内注射	1.GP 及以上级别猪场全年免疫； 2.其他 PS 从 9 月至次年 4 月免疫
28 日	猪瘟	活疫苗	2 头份	颈部肌内注射	
35 日	蓝耳	活疫苗	0.5 头份	颈部肌内注射	GGP 蓝耳保阴场不免疫
42 日	伪狂犬	活疫苗	1 头份	颈部肌内注射	
56 日	猪瘟	活疫苗	2 头份	颈部肌内注射	
63 日	口蹄疫	灭活疫苗	1 头份	颈部肌内注射	
100 日	口蹄疫	灭活疫苗	1 头份	颈部肌内注射	
134 日	口蹄疫	灭活疫苗	1 头份	颈部肌内注射	10 月—次年 4 月免疫

说明：

1.稳定/活跃场或不稳定场14日或35日注射蓝耳疫苗时，原则上只进行1次免疫；如猪群不稳定，则取消当次免疫；

2.生产单位要密切关注猪场蓝耳感染状态变化，根据情况及时调整免疫方案（需经审批）；

3.一点式饲养的阳性商品猪场、阳性GP场及以上级别猪场，在开展伪狂犬转阴计划时应根据血清学检测结果，灵活增加伪狂犬免疫密度。

5.记录

及时填写"猪群情况登记表""饲料登记表""病猪治疗用药登记表""猪场消毒记录表""病死猪无害化处理登记表"。

（七）育肥猪舍饲养管理工作

8：00—12：00、14：00—18：00原则上为工作时间，冬春季上下班时间适当调整，工作日程见表6-8、表6-9。

表6-8　育肥舍每日工作安排

时间	工作内容
7：00—8：00	消毒进入猪舍、喂料、观察猪群
8：00—9：00	护理、治疗、清理卫生
9：00—10：00	转群等其他工作
10：00—11：00	喂料、清理卫生
14：30—15：30	消毒进入猪舍、观察猪群
15：30—16：30	清理卫生、消毒等其他工作
16：30—17：30	喂料、治疗、护理
17：30—18：00	填写报表

表6-9　育肥舍每周工作安排

时间	工作内容
周一	药品用具领用，种猪驱虫
周二	舍内清洁消毒，更换消毒池（盆）中消毒液
周三	免疫注射，接收保育仔猪
周四	育肥猪选留鉴定，打耳牌，整理上市种猪档案
周五	育肥猪上市，空栏清洗消毒，舍内清洁消毒，更换消毒池（盆）内消毒液
周六	统计报表，计划下周所需物品，卫生大清扫
周日	设备检修，安排下周工作

※ 任务实施

一、育肥猪的饲喂操作

1.目标

做到育肥猪的饲料过渡，满足育肥猪的营养要求，防止育肥猪消化不良和营养缺乏。

2.材料

计算器、保育猪饲料、饲喂用具、清洁工具。

3.操作步骤

（1）选择饲料　用保育猪料继续喂2周，逐渐过渡到喂生长期猪料；猪的体重为60 kg时，逐渐改为育肥期猪料。

（2）计算猪只饲料用量，即八成饱饲喂量。

（3）添加抗应激药物。

（4）确定饲喂次数：15～25 kg时，4次/天；25～60 kg时，逐步过渡到3次/天；60～90 kg时，逐步过渡到2～3次/天。

（5）饲槽清洁，投喂饲料。

（6）观察猪只采食情况。

二、育肥舍的管理操作

1.目标

做好育肥猪的环境过渡、温度湿度管理、猪群管理、病弱猪护理，给育肥猪营造一个良好的生活环境，保证猪的快速生长和饲料转化率的提高，降低育肥的生产成本，实现猪的经济价值。

2.材料

保育猪舍设施、设备、水电、温湿度控制系统、通风系统、药品。

3.操作步骤

（1）人员进入猪舍消毒；

（2）环境温度、湿度、通风检查，并根据现场情况进行调控；

（3）检查饮水供给是否正常；

（4）做好清洁卫生；

（5）巡查猪只，病猪及时隔离治疗或无害化处理，并报告；

（6）疾病防治，消毒、保健、定期驱虫、接种疫苗、去势；

（7）记录。

※ 任务评价

"育肥猪的饲喂操作"考核评价表

考核内容	考核要点	得分	备注
选择饲料（20分）	1.生长期猪料的选择（10分） 2.育肥期猪料的选择（10分）		
计算猪只饲料用量 （10分）	1.每头一天饲喂量（5分） 2.每头一次饲喂量（5分）		
添加抗应激药物 （10分）	1.选择抗应激药物（5分） 2.计算用量并添加（5分）		
确定饲喂次数 （20分）	1.15～25 kg猪饲喂次数（10分） 2.25～60 kg猪饲喂次数（5分） 3.60～90 kg猪饲喂次数（5分）		
饲槽清洁，投喂饲料 （30分）	1.饲槽清洁（10分） 2.投喂饲料量（10分） 3.饲料过渡（10分）		
观察猪只采食情况 （10分）	采食的状态和完成情况（10分）		
总分			
评定等级	□优秀（90～100分）；□良好（80～89分）；□一般（60～79分）		

"育肥猪舍的管理操作"考核评价表

考核内容	考核要点	得分	备注
人员进入猪舍的消毒（20分）	1. 进入保育舍更衣（10分） 2. 消毒（10分）		
环境温度、湿度、通风检查（15分）	1. 温度检查与调节（5分） 2. 湿度检查与调节（5分） 3. 空气检查与通风（5分）		
饮水检查（10分）	1. 饮水畅通情况检查（5分） 2. 水质检查（5分）		
清洁卫生（20分）	1. 清扫（10分） 2. 冲洗（10分）		
巡查猪只（10分）	1. 巡查猪只（猪群）健康状况（5分） 2. 报告（5分）		
猪只疾病预防（25分）	消毒、保健、驱虫、疫苗（25分）		
总分			
评定等级	□优秀（90～100分）；□良好（80～89分）；□一般（60～79分）		

❓任务反思

1. 育肥猪饲养操作要点有哪些？

2. 育肥猪管理要点有哪些？

3. 说说育肥猪舍一日饲养管理工作的内容。

※ 项目小结

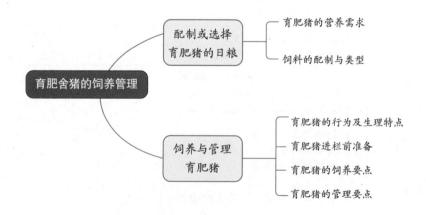

项目测试

一、单项选择题

1. 育肥猪一般是指（　　）日龄阶段的猪。

    A.1 ~ 10　　　　　　B. 断奶后　　　　　　C.80 ~ 120　　　　　D.120 ~ 上市

2. 100 kg 育肥猪饲料中粗蛋白含量应为（　　）。

    A.15%　　　　　　　B.17%　　　　　　　C.19%　　　　　　　D.21%

3. 3 ~ 4 月龄的猪（　　）生长加速。

    A. 皮肤　　　　　　B. 脂肪　　　　　　C. 骨骼　　　　　　D. 肌肉

4. 背膘厚度与瘦肉率、饲料利用率呈（　　）。

    A. 正相关　　　　　B. 负相关　　　　　C. 无关　　　　　　D. 以上都有可能

5. 50 kg 左右的育肥猪的适宜温度是（　　）℃。

    A.25 ~ 30　　　　　B.20 ~ 25　　　　　C.15 ~ 18　　　　　D.30 ~ 35

6. 70 kg 的猪每栏（　　）头适宜。

    A.10 ~ 15　　　　　B.20 ~ 30　　　　　C.30 ~ 40　　　　　D.40 ~ 50

7. 育肥舍的相对湿度为（　　）。

    A.50% ~ 65%　　　B.65% ~ 75%　　　C.70% ~ 80%　　　D.75% ~ 86%

8. 50 kg 的育肥猪应占有（　　）m^2 的有效面积。

    A.0.2　　　　　　　B.0.92　　　　　　C.1　　　　　　　　D.1.5

9. 俗话说："同样的草，同样的料，不同的方法，不同的膘"。这说明了（　　）的重要性。

    A. 饲喂方法　　　　B. 饲养方案　　　　C. 饲料调制　　　　D. 饲喂制度

二、判断题

1. 依据育肥猪的生理特点，将其分为生长期和育肥期。　　　　　　（　　）

2. 育肥舍适宜温度为 20 ~ 25 ℃，湿度 50% ~ 65%。　　　　　　（　　）

3. 猪有合群性，但也有强欺弱、大欺小的特性，猪只之间主要是靠气味进行联系。　　　　　　（　　）

4. 3 ~ 4 月龄的猪脂肪生长最快。　　　　　　（　　）

三、填空题

1. 蛋白质饲料包括_____、_____、_____等。

2. 矿物质饲料包括_____、_____、_____等。

3. 潮拌料或湿拌料的比例为_____；浓缩料的比例为_____。

4. "三定位"是指_____，_____，_____。

5. 25 ~ 60 kg 的猪饲喂次数为_____，每次_____kg。

6. 一般猪的群体数量规定：18 ~ 45 kg 为_____头／群，45 ~ 68 kg 育肥阶段为_____头／群。

7. 生长期猪：猪的体重为 20 ~ 60 kg，此阶段的猪是_____和_____发育高峰期，增长缓慢。

四、简答题

1. 进出猪场的消洗流程是怎样的？

2. 育肥猪入栏前应做好哪些准备工作？

猪场生物安全管理

【项目导入】

在中国，有"猪粮安天下"的俗语，猪粮"安"，则天下"安"。非洲猪瘟疫情的流入给我国养猪业以毁灭性打击，所以建立生物安全意识和采取有效的生物安全防护措施是保障生猪健康养殖的关键。猪场生物安全是指采取疾病防治措施，以预防传染病传入猪场并防止其传播，保护猪群健康，以获得最佳生产性能的方法。它将疾病的综合性防治作为一项系统工程，在空间上重视整个生产系统中各部分的联系，在时间上将最佳的饲养管理条件和传染病综合防治措施贯穿动物养殖生产的全过程，强调了不同生产环节之间的联系及其对动物健康的影响。这不仅对疾病的综合防治具有重要意义，而且对提高动物的生长性能，保证其处于最佳生长状态也是必不可少的，是目前最经济、最有效的传染病控制方法之一，同时也是所有传染病预防的前提。

生猪养殖过程中，特别是工厂化养猪，集约化程度较高，规模较大，每天产生大量的粪尿，必须进行有效的贮存和处理。否则就会污染附近的环境和水源，产生重大的影响，严重影响农作物及其他动植物的生长，影响人畜的健康，阻碍养猪业发展。因此，作为新时代的养猪人，应敬畏生命、敬畏自然，要有时代使命感，利用科学技术降本增效，做好生物安全防控，增强环保意识，研发更加科学有效的废弃物处理技术，生产安全健康的猪肉，守护国民健康和保护环境，促进人与环境和谐相处，共建人与自然的命运共同体。

本项目将完成 5 个学习任务，即预防猪应激、猪场消毒、猪群免疫接种、控制与净化猪场寄生虫病、猪场废弃物处理。

| 任务一　预防猪应激 |

任务描述

　　明确猪场应激原，分析猪应激发生原因，制订预防猪应激预防方案，采取适宜的抗应激措施预防猪应激。

任务目标

知识目标：

1. 能说出猪抗应激营养与管理措施；

2. 能说出预防猪应激的方法。

技能目标：

1. 会合理配制猪抗应激饲料；

2. 会正确使用猪抗应激药物。

※ 任务准备

一、选择抗应激猪种

　　选择抗应激猪种进行育种，即选择猪种抗应激性遗传素质，是提高猪群抗应激能力、改善肉质品质、减少经济损失的有效方法。因此，在购买引进猪苗时，应注意挑选抗应激性能强的品种，如大约克猪、杜洛克猪等，以减少或杜绝发病内因，我国的地方猪种都有良好的抗应激能力；还可以进一步采用氟烷检测和磷酸肌酸激酶（CK）测定，检测应激敏感猪只，并及时淘汰。猪种优良的品种选育是预防猪应激综合征最好的办法之一。

二、提供充足的营养

　　根据猪只的不同生长期，科学地配给日粮，保证饲料的营养全面和充足。

1. 碳水化合物和脂肪

猪抗应激营养管理

　　油脂容积小，净能值高，体增热少，是高温条件下猪理想的能量来源，可在饲料中添加 5% 以内的油脂。研究表明，15 ~ 30 kg、30 ~ 60 kg、60 ~ 90 kg 的猪在平均气温 31 ℃条件下，适宜能量浓度分别为 14.49 MJ/kg、14.62 MJ/kg、15.46 MJ/kg，适宜能量蛋白比为 80 MJ/kg、91 MJ/kg、108 MJ/kg。因此要适当降低饲料中碳水化合物的含量，减少胴体增热，减轻猪的散热负担，促进肉猪生长，防止母猪营养状态下降，保证母猪妊娠后期胎儿的发育。

2. 蛋白质

　　应激状态下猪对蛋白质的需要量增加，因此增加饲料中粗蛋白含量，能提高饲料利用率（图 7-1、图 7-2）。有关研究表明，在日均气温 30.7 ℃的高温条件下，将生长猪能量提高 3.23%，蛋白质增加 2%，在日采食量相同的情况下，日增重提高 8.03%，料肉比降低 7.69%。

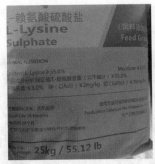
图 7-1　赖氨酸

图 7-2　大豆

3. 维生素、微量元素

饲料中维生素、微量元素含量要充分，在饲料中添加维生素 C 和维生素 E，能够提高猪的免疫力，增强抗应激能力，增加采食量和日增重。使用生物素和胆碱等抗应激添加剂，补铬、补钙、降磷，适量添加碳酸氢钠（250 mg/kg）和钾的含量，对抗应激、提高生产性能、调节内分泌功能、影响免疫反应及改善胴体品质均具有一定作用。

4. 添加剂

在饲料中使用复合型抗应激类添加剂，如中草药、维生素、矿物质、电解质等按一定比例配制成添加剂（图 7-3 至图 7-6），以增强猪适应和抗应激的能力。

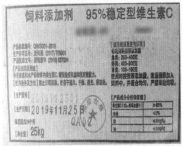
图 7-3　维生素 C

图 7-5　复合酶

图 7-4　中草药粉

图 7-6　复合维生素

5. 饲料成分

注意不要突然改变饲料成分，控制饲料粗纤维水平。

6. 饮水

保证猪群有足够的清洁饮水。

7. 盛夏时期，增加青绿饲料

平时能量饲料为日粮的 50% ~ 70%，夏季为 40% ~ 50%；青绿饲料由 0.5 ~ 1 kg 增加到 1 ~ 1.5 kg（图 7-7、图 7-8）。所喂饲料均应新鲜、卫生、无霉变，从而缓和猪的热应激。

图 7-7　牛皮菜

图 7-8　白三叶

三、科学管理猪群

加强管理，改善环境条件，是减少猪应激的重要措施之一。

（1）合理地调整饲养密度，避免猪只拥挤，可降低猪舍内温度。

（2）安装自动饮水器，供给猪充足的饮水，促进体热散失。

（3）把干喂改为湿喂或采用颗粒料，可增加猪采食量。增加饲喂次数，尽量避开天气炎热时投料，夜间加喂 1 次。做好饲料保管工作，防止霉变。

（4）为了提高母猪繁殖力，应避开高温季节配种，可采用同期发情的办法，使大多数母猪集中在气温较适宜的季节配种。

（5）猪舍建筑结构要科学合理，隔热通风性能良好，避免外界因素过多干扰。

（6）运输时避免猪群拥挤，尽量减少抓捕、保定、驱赶、骚扰等，即使抓捕也要避免过度的惊恐刺激。

（7）猪舍温度不宜突变，以防猪受到过冷过热的刺激产生应激反应。对难以避免的应激，尽量让其分散，作用延缓，不使其强度扩大，做好防寒保温工作。

（8）要做好仔猪断奶后的护理工作，采用逐步断奶法。

（9）保持圈舍清洁卫生。应注意勤换垫草，经常打扫猪舍，保持猪舍的清洁、干燥。要注意训练仔猪养成定点排便的习惯。

（10）舍内要保持适当的通风，提高空气质量，减少空气中的灰尘含量，这样有利于降低呼吸道疾病的发生。

（11）认真做好保育舍的消毒工作，按猪的保健计划表做好猪的体内外驱虫、预防接种等工作。

（12）猪舍温度过高时可用胶管或喷雾器定时向猪体（分娩舍除外）和屋顶喷水降温或人工洒水降温。使用湿帘风机降温系统是近年来兴起的效果比较理想的一种降温方法（图 7-9）。

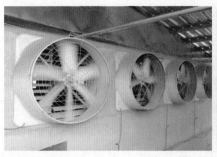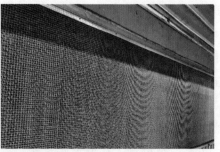

图 7-9　湿帘风机降温系统

（13）改善运输条件。在调运猪只的过程中，要避免高温、拥挤、疲劳和野蛮装卸，送宰的生猪严禁饱食，同时注意不要任意混群，减少和避免各种干扰和不良刺激，在运输时注意防寒、防暑、防压、防过劳。在购买猪时要了解有无应激病史。

四、使用药物预防

（一）抗热应激药物

国内外常用的抗应激添加剂有应激预防剂、促适应剂和应激缓解剂等。应激预防剂多为安定（止痛）和镇静剂，这类药只允许用于兽医治疗，不允许以饲料饮水方式给予。促适应剂包括参与糖类代谢的有机酸物质，缓解酸中毒和维持酸碱平衡的物质（$NaHCO_3$、NH_4Cl、KCl 等）、微量元素（锌、硒等）、微生态制剂、中草药制剂、维生素制剂（维生素 C、维生素 E）等，应激缓解剂，如杆菌肽锌等。市场上的抗应激产品多属单一物质，鉴于应激对动物的影响是多方面的，而且不同应激原对动物的影响也是不同的，因此研制复合抗应激剂或系列抗应激剂是未来的主要方向。以中草药或天然植物提取物为原料寻求兼有预防应激、促进动物对应激的适应性、缓解应激等效应的抗应激剂是研制新型抗应激剂的重要思路之一。

1. 镇静剂

如氯丙嗪、利血平、安定等也有防治应激的作用。在调运猪只前，肌内注射氯丙嗪（1 ~ 2 mg/kg 体重），可预防、减缓运输应激。对病猪应单养，对重症者可肌内注射或口服氯丙嗪 1 ~ 3 mg/kg 体重或使用催眠灵每千克体重 50 mg，静注 5% 碳酸氢钠40 ~ 120 mL；为防止过敏性休克和变态反应性炎症，可静注氢化可的松或地塞米松磷酸钠等皮质激素适量。镇静类药物可抑制中枢神经及机体活动，以减轻热应激的影响。镇静剂中首选药物是氯丙嗪，按每千克体重 2 mg 肌注。

2. 其他类药物

激素（肾上腺皮质激素）、维生素类［B 族维生素、维生素 C、复合维生素、亚硒酸钠维生素 E 合剂、生物素和胆碱］、微量元素（硒）、有机酸类（琥珀酸、苹果酸、延胡索酸、柠檬酸等）、缓解中毒的药物（小苏打等）也有防治应激的作用。或转群前1 天每千克体重口服 1.5 mg 阿司匹林。向饲养在炎热环境中的猪的饲料中添加铬（吡啶羧酸铬）300 μg/kg，或安宝 200 mg/kg，或大豆黄素 10 mg/kg，或牛磺酸 400 mg/kg，蛋氨酸锌、酸化剂，对热应激时提高育肥猪的采食量和免疫力有益。此外还可用杆菌肽锌、黄霉素等，有利于增强猪的抗病能力，抑制肠道内有害菌的繁殖，促进生长，提高饲料利用率，同时对缓解热应激有一定的效果。

（二）中草药添加剂

在夏季高温时，使用具有开胃健脾、清热消暑功能的中草药［由山楂（图7-10）、苍术、陈皮（图7-11）、槟榔、黄芩、六曲等13味中草药组成］配制饲料添加剂，可以缓解热应激对商品猪生产性能的影响。在分娩后18天的经产母猪基础日粮中添加中草药（黄芩、益母草、女贞子、陈皮、生地、玄参）可有效改善高温产后母猪的繁殖性能。中草药刺五加可减少猪只应激反应；柴胡可调节体温、对抗热应激；天麻对抗惊厥；远志可降低动物对应激原的敏感性、缓解其攻击性行为；五味子可调节整体代谢强度，提高其生产水平，调节中枢神经系统；板蓝根可增强免疫力，提高抗病能力；人参作为激素样物质可增强繁殖性能；麦芽可促进消化道黏膜细胞的增殖与修复、促进消化、增强食欲、改善营养等。这些中草药添加剂在抗应激方面的作用不可低估。

图7-10　山楂　　　　　　　　　　　　图7-11　陈皮

（三）混合配比

将中草药、维生素、矿物质、电解质等按一定比例配制成添加剂，能协调猪体内的调节功能，增强猪的适应性和抵抗高温的能力，从而缓解猪的热应激。

五、科学屠宰生猪

来自不同地区的猪混群后会发生剧烈的争斗，导致猪的胴体质量下降。据相关调查，猪群的争斗可导致猪胴体损失达40%。发生应激反应的动物，屠宰后的肌肉中含有对人体健康有害的物质。因此，宰杀过程一定要迅速，以免猪只产生应激反应而导致肉质下降。

六、规模化猪场断奶仔猪应激综合征防治

（一）发病原因

断奶应激、营养应激、环境应激、争斗应激、心理应激；断奶仔猪机体内因素，包括仔猪消化机能不健全、消化酶分泌不足、胃酸不足、免疫机制不健全。

（二）断奶仔猪应激综合征防治

加强饲养管理，包括怀孕母猪分前、后阶段按标准饲养，保证产出体重大而健壮仔猪；仔猪出生后3～4天、12～13天各注射1～2 mL右旋糖酐铁注射液；仔猪出生

后 5 ~ 7 天补料，锻炼胃肠。断奶前 2 ~ 3 天减少母乳供应，母猪减料则少产奶，减少仔猪吃奶次数，迫使仔猪多吃料；断奶时，先赶出母猪，仔猪留在原栏饲养一周后，混群转入保育舍，继续喂哺乳仔猪料，使心理应激与混群应激、环境应激不在同一时间发生；断奶后喂料要逐渐更换。每天饲喂 5 ~ 7 次，限饲七八成饱；断奶仔猪饲喂低蛋白高氨基酸、熟化程度较低的饲料，饲料内添加 5% 乳清粉、血浆蛋白粉。保证充足的饮水，并在饮水中加入电解多维，避免喝脏水和母猪尿；保育舍应彻底消毒，保持清洁卫生、干燥通风、保暖（20 ~ 22 ℃）；舍内放置木棒、石头、铁器、铁环或挂五颜六色的塑料袋，让猪玩耍，预防咬耳、咬尾、打架；断奶后 15 天内，禁止给仔猪阉割等任何不良刺激，避免因应激诱发水肿病而感染链球菌病。

（三）做好免疫接种

用水肿病多价灭活苗给 14 ~ 18 日龄仔猪每头颈部肌内注射 1 mL，可降低猪水肿病的发病率和死亡率；母猪产前 40 天、15 天各注射一次大肠杆菌基因工程疫苗，经初乳获得抗体，保护仔猪。

※ 任务实施

仔猪断奶应激认识与防治

1. 目标

通过本次实践，认识仔猪断奶应激引起的原因，选择适宜的抗应激药物，掌握预防和治疗方法。

2. 材料

断奶的仔猪、两种不同的饲料、中草药、维生素、矿物质、电解质。

3. 操作步骤

（1）观看仔猪断奶视频。

（2）观察断奶仔猪的表现（精神、行为、食欲、疾病等）。

（3）访问饲养员，听取讲解，实施防治措施和使用药物。

（4）调查其他养殖场断奶仔猪应激发生情况。

※ 任务评价

"仔猪断奶应激认识与防治"考核评价表

考核内容	考核要点	得分	备注
观看仔猪断奶视频（20分）	认真观看与记录（20分）		
观察断奶仔猪的表现（20分）	记录断奶仔猪的精神、行为、食欲、疾病等（20分）		
访问饲养员，询问断奶仔猪应激防治措施实施和药物使用情况（40分）	1. 断奶仔猪应激防治措施（20分） 2. 抗应激药物使用情况（20分）		

续表

考核内容	考核要点	得分	备注
调查其他养殖场断奶仔猪应激发生情况（20分）	其他养殖场断奶仔猪应激发生情况调查（20分）		
总分			
评定等级	□优秀（90～100分）；□良好（80～89分）；□一般（60～79分）		

❓ 任务反思

1. 如何预防猪的应激发生？

2. 从加强猪只管理谈谈怎样预防应激。

3. 哪些药物可以预防猪的热应激？

│ 任务二　猪场消毒 │

✏ 任务描述

某猪场将新进一批猪苗，兽医防疫人员小李接到进猪苗前消毒猪舍的任务，他可用哪些消毒方法？该如何操作？

📖 任务目标

知识目标

1. 能说出常用消毒剂的种类及使用方法。

2. 能复述猪场消毒操作的方法与技术要点。

技能目标

1. 会正确配制常用消毒剂。

2. 会用物理消毒法和化学消毒法消毒猪场。

※ 任务准备

一、消毒种类

根据消毒的目的及时间，分为预防消毒、紧急消毒和终末消毒。

1.预防消毒

为了预防各种传染病的发生，对猪场环境、猪的圈舍、设备、用具、饮水等进行的常规性、长期性、定期或不定期的消毒工作；或对健康的动物群体或隐性感染的群体，在没有被发现有某种传染病或其他疫病的病原体感染情况下，对可能受到某些病原微生物或其他有害病原微生物污染的环境、物品进行严格的消毒，称为预防性消毒，如兽医站、门卫以及提供饮水、饲料和运输车等部门的消毒均为预防消毒。

（1）经常消毒　经常消毒是指在未发生传染病的条件下，为了预防传染病的发生，消灭可能存在的病原体，根据日常管理的需要，随时或经常对猪场环境以及经常接触到的人以及一些器物如工作衣、帽、靴进行消毒。经常消毒的主要对象是接触面广、流动性大、易受病原体污染的器物、设施和出入猪场的人员、车辆等。在场舍入口处设消毒池（槽）和紫外线杀菌灯，是最简单易行的经常性消毒方法之一，人员或猪群出入时，踏过消毒池（槽）内的消毒液以杀死病原微生物。消毒池（槽）须由兽医管理，定期清除污物，更换新配制的消毒液。另外，进场时人员经过淋浴并且换穿场内经紫外线消毒后的衣帽，再进入生产区，也是一种行之有效的预防措施，即使对要求极严格的种猪场，淋浴也是预防传染病发生的有效方法（图7-12至图7-15）。

（2）定期消毒　定期消毒是指在未发生传染病时，为了预防传染病的发生，对有可能存在病原体的场所或设施，如圈舍、栏圈、设备用具等进行定期消毒。当猪群出售、猪舍空出后，必须对猪舍及设备、设施进行全面清洗和消毒，以彻底消灭微生物，使环境保持清洁卫生（图7-16、图7-17）。

图7-12　入场人员消毒通道

图7-13　入场人员消毒间

图7-14　入舍人员消毒通池

图7-15　入舍人员消毒间

图7-16　冲洗圈舍

图7-17　消毒圈舍

2.紧急消毒

在疫情暴发和流行过程中，对猪场、圈舍、排泄物、分泌物及污染的场所及用具等及时进行的消毒称为紧急消毒。

3.终末消毒

终末消毒是指猪场发生传染病以后，待全部病猪处理完毕，即当猪群痊愈或最后一只猪死亡后，经过2周再没有新的病例发生，在疫区解除封锁之前，为了消灭疫区内可能残留的病原体所进行的全面彻底消毒，即对被发病猪所污染的环境（圈、舍、物品、工具、饮具及周围空气等整个被传染源所污染的外环境及其分泌物或排泄物）所进行的全面彻底的消毒。

二、消毒方法

猪场消毒，采用的消毒方法分为物理消毒法、化学消毒法和生物消毒法。

（一）物理消毒法

物理消毒法是指应用物理因素杀灭或消除病原微生物的方法。猪场物理消毒法主要包括机械性消毒（清扫、擦抹、刷除、高压水枪冲洗、通风换气等）、紫外线消毒、热力性消毒（干热、湿热、蒸煮、煮沸、火焰焚烧等），这些方法是较常用的简便经济的消毒方法，多用于猪场的场地、猪舍设备和各种用具的消毒。

1.机械性消毒

猪场消毒方法

猪场的场地、猪舍、设备用具上存在大量的污物、尘埃和大量的病原微生物，通过清扫、擦抹、刷除、高压水枪冲洗和通风换气等手段可达到清除病原体的目的。机械性消毒是最常用的一种消毒方法，也是日常的清洁卫生工作（图7-18）。在猪的生产中，使用清扫、铲刮、冲洗等机械方法清除尘埃、污物及

图7-18　清扫圈舍

沾染的墙壁、地面以及设备上的粪尿、残余的饲料、废物、垃圾等，可除掉70%以上的病原体，并为化学消毒效果的提高创造必要的条件。对清扫不彻底的猪舍进行化学消毒时，即使使用大剂量消毒剂，也达不到理想的效果。

通风换气也是机械消毒的一种方法。适当通风，排出猪舍内被污染的气体和水汽，净化空气，创造适宜的环境，有利于猪群的正常生长发育。特别是在冬春两季，通风可在短时间内迅速降低舍内病原微生物的数量，加快舍内水分蒸发，保持干燥，可使除芽胞、虫卵以外的病原失活，起到消毒作用。但排出的污浊空气容易污染场区和其他畜舍，为减少或避免这种污染，最好采用纵向通风系统，风机安装在排污道一侧，猪舍之间保持40～50 m的卫生间距。有条件的猪场，可以在通风口安装过滤器，过滤空气中的微粒和杀灭空气中的病原微生物，把经过过滤的舍外空气送入舍内，有利于舍内空气的净化（图7-19）。

通风换气的方法有两种：一是自然通风换气；二是机械通风换气（图 7-20）。由于现代养猪规模饲养密度较大，通风换气多采用机械通风，如排气扇通风，使用电除尘器净化空气效果更佳。

图 7-19　通风换气　　　　　　　　图 7-20　机械通风换气

2. 紫外线照射

紫外线照射消毒经济方便，是猪舍内常用的消毒方法。紫外线照射消毒，可将被消毒物品放在日光下曝晒或放在人工紫外线灯下照射，利用紫外线对病原微生物（细菌、病毒、芽胞等病原体）的辐射损伤和破坏核酸的功能，使病原微生物致死，从而达到消毒的目的。此法较适用于猪圈舍的垫草、用具、进出的工作人员等的消毒，对被污染的土壤、牧场、场地表层的消毒均有重要消毒作用（图 7-21）。

紫外线消毒的一般程序：①人员沐浴→换工作服，经紫外线严格消毒→进场；②人员脱掉外衣经严格的紫外线照射消毒→换工作服→进场。

3. 热力性消毒和灭菌

高温对病原微生物有明显的灭活作用。所以，应用高温进行灭菌是比较切实可靠而且常用的物理方法。高温可以灭活包括细菌、真菌、病毒和抵抗力最强的细菌芽胞在内的一切病原微生物。

热力性消毒和灭菌方法主要分为干热消毒灭菌法和湿热消毒灭菌法。

（1）干热消毒灭菌法　①灼烧或焚烧消毒法；②热空气灭菌法。

（2）湿热消毒灭菌法　①煮沸消毒（图 7-22）；②流通蒸汽消毒；③巴氏消毒法；④高压蒸汽灭菌（图 7-23）。

图 7-21　紫外线消毒　　　　　图 7-22　煮沸消毒　　　　　图 7-23　高压蒸汽灭菌

（二）化学消毒法

化学消毒法是利用化学药物（消毒剂或化学消毒剂）杀灭病原微生物的方法，是生产中最常用的消毒方法之一，主要应用于猪场内外环境、猪舍、饲槽、各种物品用具表面、饮水等的消毒。

1.常用消毒剂及用法

用于杀灭或清除病原微生物或其他有害病原微生物的化学药物称为消毒剂，包括杀灭无生命物体上的病原微生物和生命体皮肤、黏膜、浅表体腔病原微生物的化学药品。

消毒剂种类甚多，其商品名也各不相同，表7-1仅列出了常用的几种极其常用的浓度和使用方法，可供参考。具体消毒时应参考消毒剂的使用说明进行。

表7-1　常用消毒剂及用法

类别	名称（商品名）	常用浓度及用法	消毒对象
碱类	NaOH（烧碱） CaO（生石灰）	1%～5% 浇洒 10%～20% 浇洒	空栏消毒、消毒池
酚类	复合酚（菌毒灭、华威Ⅱ号、菌毒敌等）	1：100 喷洒 1：300 喷洒	发生疫情时栏舍环境强化消毒、空栏消毒、带畜消毒、消毒池
醛类	福尔马林	2%～10% 喷洒 15%～20% 熏蒸	舍内外环境消毒空栏、消毒后的猪舍
季铵盐类	新洁尔灭 拜洁50%百毒杀	0.1% 浸泡 1：500 喷雾 1：（100～300）喷雾	皮肤及创伤清毒、畜禽舍内外环境消毒、带畜消毒
酸类	灭毒净	1：500 喷雾	舍内外环境、带畜禽消毒
卤素类	有机氯（消毒威、华威Ⅰ号）碘（碘酊、碘甘油）、络合碘（特效碘、爱迪伏）	0.5%～1% 喷雾 2%～5% 外用 50～100 mg/kg 喷雾	舍内外环境消毒、带畜禽消毒、皮肤及创伤消毒、畜禽舍内外环境消毒、带畜禽消毒
氧化剂	高锰酸钾 过氧乙酸	0.1% 浸泡 0.5% 喷雾 5% 熏蒸	皮肤及创伤消毒、畜禽舍内外环境消毒、空栏消毒（2.5 mL/ m²）
醇类	酒精	75% 外用	皮肤及创伤消毒

在化学消毒剂长期应用的实践中，单方消毒剂使用时存在不足，已不能满足各行各业消毒的需要。近年来，国内外相继出现了数百种新型复方消毒剂，提高了消毒剂的质量、应用范围和使用效果。复方化学消毒剂配伍类型主要有两大类（配伍原则）：一类是消毒剂与消毒剂，即两种或两种以上消毒剂复配，例如季铵盐类与碘的复配、戊二醛与过氧化氢的复配，其杀菌效果可协同和增效，即 $1 + 1 > 2$；另一类是消毒剂与辅助剂，即在一种消毒剂中加入适当的稳定剂或缓冲剂、增效剂，以改善消毒剂的综合性能，如稳定性、腐蚀性、杀菌性等，即 $1 + 0 > 1$。

常用的复方消毒剂包括以下几种类型：①复方含氯消毒剂；②复方季铵盐类消毒剂；③含碘复方消毒剂；④醛类复方消毒剂；⑤醇类复方消毒剂。

2.化学消毒的方法

常用的化学消毒法有浸泡法、喷洒法、熏蒸法和气雾法。

（1）浸泡法　如接种或打针时，对注射局部用酒精棉球、碘酒擦拭；对一些器械、用具、衣物等进行浸泡。一般应洗涤干净后再进行浸泡，药液要浸过物体，浸泡时间应长些，水温应高些。猪舍入口消毒槽内，可用浸泡药物的草垫或草袋对人员的靴、鞋进行消毒。

（2）喷洒法　喷洒地面、墙壁、舍内固定设备等，可用细眼喷壶；对舍内空间消毒，则用喷雾器。喷洒要全面，药液要喷到物体的各个部位。一般喷洒地面，药液量为 $2L/m^2$；喷墙壁、顶棚，药液量为 $1L/m^2$。

（3）熏蒸法　适用于密闭的猪舍和饲料厂库等其他建筑物。这种方法简便、省事，对房屋结构无损，消毒全面，常用的药物有福尔马林（40%的甲醛水溶液）、过氧乙酸水溶液。为加速蒸发，常利用高锰酸钾的氧化作用。熏蒸时，猪舍及设备必须清洗干净，畜舍要密封，不能漏气。

（4）气雾法　气雾是消毒液倒进气雾发生器后喷射出的雾状微粒，是消灭气携病原微生物的理想办法。气雾法常用于猪舍的空气消毒和带猪消毒等。

3.影响化学消毒效果的因素

（1）化学消毒剂

①消毒剂的特性。同其他药物一样，消毒剂对病原微生物具有一定的选择性，某些药物只对某一部分病原微生物有抑制或杀灭作用，而对另一些病原微生物效力较差或不发生作用。也有一些消毒剂对各种病原微生物均有抑制或杀灭作用，称为广谱消毒剂。所以在选择消毒剂时，一定要考虑消毒剂的特异性。

②消毒剂的浓度。消毒剂的消毒效果一般与其浓度成正比，也就是说，化学消毒剂的浓度越大，其对病原微生物的毒性作用也越强。但有些消毒剂在适宜的浓度时，具有较强的杀菌效力，如75%的酒精浓度。

（2）病原微生物

①病原微生物的种类。由于不同种类的病原微生物的形态结构及代谢方式等生物学特性不同，对化学消毒剂的反应也不同，即使是同一种类而不同类群对消毒剂的敏感性也不完全一样。因此在生产中要根据消毒和杀灭的对象选用消毒剂，才能达到理想效果。

②病原微生物的数量。同样条件下、病原微生物的数量不同对同一种消毒剂的作用也不同。一般来说，细菌的数量越多，要求消毒剂浓度越大或消毒时间越长。

（3）环境因素

①消毒剂与有机物质。当病原微生物所处的环境中有粪便、痰液、脓液、血液及其他排泄物等有机物质存在时，会严重影响消毒剂的效果。

②消毒剂与温湿度及作用时间。多数消毒剂在较高温度下消毒效果比较低温度下效果好。湿度作为一个环境因素也能影响消毒效果，如用过氧乙酸及甲醛熏蒸消毒时，保持温度24 ℃以上，相对湿度60% ~ 80%时，效果最好。如果湿度过低，则效果不佳。

③消毒剂与酸碱度及物理状态。多数消毒剂的消毒效果均受消毒环境的 pH 影响。如碘制剂、酸类、福尔马林等阴离子消毒剂，在酸性环境中杀菌作用增强；而阳离子消毒剂如新洁尔灭等，在碱性环境中杀菌力增强。又如 2% 戊二醛溶液，在 pH=4 ~ 5 的酸性环境下，杀菌作用很弱，对芽孢无效，但若在溶液内加入 0.3% 碳酸氢钠碱性激活剂，将 pH 值调到 7.5 ~ 8.5，即成为 2% 的碱性戊二醛溶液，杀菌作用显著增强，能杀死芽孢。另外，pH 也影响消毒剂的电离度，一般来说，未电离的分子，较易通过细菌的细胞膜，杀菌效果较好。

物理状态影响消毒剂的渗透，只有溶液才能进入病原微生物体内，发挥应有的消毒作用，而固体和气体则不能进入病原微生物细胞中，因此，固体消毒剂必须溶于水中，气体消毒剂必须溶于病原微生物周围的液层中，才能发挥作用。所以，使用熏蒸消毒时，增加湿度有利于提高消毒效果。

（三）生物消毒法

生物消毒法就是利用自然界中广泛存在的微生物在氧化分解污物（如垫草、粪便等）中的有机物时所产生的大量热能来杀死病原体。在猪场中最常用的是粪便和垃圾的堆积发酵，它是利用嗜热细菌繁殖产生的热量杀灭病原微生物。

三、猪场常用的消毒设备

消毒设备是每个猪场每天都在用，并且必不可少的工具，目前养猪场常用的场内消毒灭菌设备有以下几种：高压清洗机（图 7-24）、紫外线灯、火焰喷灯、消毒锅、高压蒸汽灭菌锅、喷雾消毒机和背负式电动喷雾器（图 7-25）。

图 7-24　高压冲洗水枪　　　　　　　　　　图 7-25　背式喷雾器

四、猪场消毒技术要点

1. 人员消毒

工作人员进入生产区净道或猪舍前要经过更衣、消毒池、紫外线消毒等。猪场一般谢绝参观，严格控制外来人员随意进入。

2. 环境消毒

猪舍周围环境每 2 ~ 3 周用 2% 火碱消毒一次或撒生石灰一次，猪场周围及场内污水池、排粪坑、下水道出口，每月用漂白粉消毒一次。在大门口、猪舍入口设消毒池，使用 2% 火碱或 5% 来苏儿溶液消毒一次，注意定期更换消毒液。每隔 1 ~ 2 周，用 2% ~ 3% 火碱溶液（氢氧化钠）喷洒消毒通道；用 2% ~ 3% 火碱或 3% ~ 5% 甲醛或 0.5% 过氧乙酸喷洒消毒场地。

3. 猪舍消毒

每批猪只调出后都要彻底清扫干净，用高压水枪冲洗，然后进行喷雾消毒或熏蒸消毒。消毒顺序为先喷洒地面，然后再喷洒墙壁。用清水刷洗饲槽，将消毒药味除去。最后开门窗通风，在进行猪舍消毒时，也应将附近场院以及病畜污染的地方和物品同时进行消毒。

4. 带猪消毒

（1）一般性带猪消毒　定期进行带猪消毒，有利于减少环境中的病原微生物。猪体消毒常用喷雾消毒法，即将消毒药液用压缩空气雾化后，喷到猪体表上，以杀灭和减少体表和畜舍内空气中的病原微生物。此法既可减少畜体及环境中的病原微生物，净化环境，又可降低舍内尘埃，夏季还有降温作用。常用的药物有：0.2%～0.3% 过氧乙酸，用药量为 20～40 mL/h，也可用 0.2% 次氯酸钠溶液或 0.1% 新洁尔灭溶液。为了减少对工作人员的刺激，在消毒时可佩戴口罩。

（2）不同类别猪的保健消毒　妊娠母猪在分娩前 5 天最好用热毛巾对全身皮肤进行清洁，然后用 0.1% 高锰酸钾水擦洗全身，在临产前 3 天再消毒 1 次，重点要擦洗会阴部和乳头，保证仔猪在出生后和哺乳期间免受病原微生物的感染。

（3）哺乳期母猪的乳房要定期清洗和消毒　新生仔猪在分娩后用热毛巾对全身皮肤进行擦洗，要保证舍内温度（舍温在 25 ℃以上），然后用 0.1% 高锰酸钾水擦洗全身，再用毛巾擦干。

5. 用具消毒

定期对保温箱、补料槽、饲料车、料箱、针管等进行消毒。一般先将用具冲洗干净后，用 0.1% 新洁尔灭或 0.2%～0.5% 过氧乙酸消毒，然后在密闭的室内进行熏蒸。

6. 粪便的消毒

患传染病和寄生虫病病畜的粪便的消毒方法有多种，如焚烧法、化学药品法、掩埋法和生物热消毒法等。实践中最常用的是生物热消毒法，此法能使非芽孢病原微生物污染的粪便变为无害，且不丧失肥料的应用价值。

7. 垫料消毒

对于猪场的垫料，可以通过阳光照射的方法进行消毒。这是最经济、最简单的一种方法，将垫草等放在烈日下曝晒 2～3 h，能杀灭多种病原微生物。对于少量垫草，也可以直接用紫外线等照射 1～2 h，能杀灭大部分病原微生物。

※ **任务实施**

一、配制消毒药物

1. 目标

通过配制消毒药物，掌握消毒药物的配制方法。

2. 材料

高锰酸钾、甲醛、氢氧化钠、戊二醛、过氧乙酸、百毒杀、复方季铵盐类消毒剂

配制消毒药

等，水、量筒、天平或台秤、盆、桶、缸、搅拌棒、橡皮手套等。

3.操作步骤

（1）实用计算方法　将浓度为 A 的消毒液配制成浓度为 B 的消毒液 c mL，需要 A 浓度消毒液的毫升数为 x，则 $x=(B \times c)/A$

配制方法：取 x mL A 浓度的消毒液加水至 c mL 即可。实际配制为方便量取并且保证浓度，x 应取整数，小数点后的数字均进位，不遵从四舍五入原则。

（2）举例说明

例 7-1　15% 过氧乙酸配成 0.5% 过氧乙酸 1 000 mL。

$$x=(1\,000 \times 0.5)/15 \approx 33.3$$

故，取 34 mL 15% 过氧乙酸加水至 1 000 mL 即可。

例 7-2　50 000 mg/L 清洗消毒液配成 1 500 mg/L 含氯消毒液 10 000 mL（清洗消毒液标注浓度为 5%，即为 50 000 mg/L）。

$$x=(10\,000 \times 1\,500)/50\,000=300 \text{ mL}$$

故，用 300 mL 50 000 mg/L 清洗消毒液加水至 10 000 mL 即可。

二、猪场圈舍消毒

1.目标

通过空猪舍的消毒实践操作，掌握猪场常用消毒方法。

2.材料

养猪场，待选消毒药品：新鲜生石灰、粗制氢氧化钠、来苏儿、甲醛溶液、高锰酸钾、百毒杀、消毒灵等；高压水枪、喷雾消毒机和背负式电动喷雾器、强力清洗机、火焰消毒器、自动恒温变速通风换气机、煮沸消毒器、量筒、天平或台秤、盆、桶、缸、搅拌棒、橡皮手套。

3.操作步骤

（1）制订消毒程序，确定消毒方法。

（2）选择消毒用具和材料。

（3）清扫圈舍。

（4）用高压水枪冲洗圈舍。

（5）用消毒药液喷洒消毒圈舍。

※ 任务评价

"配制消毒药物"考核评价表

考核内容	考核要点	得分	备注
计算所配浓度的消毒液的原药量（30 分）	1.计算所配浓度的消毒液的原药量（15 分） 2.计算所需加水量（15 分）		
称量或量取原药量（30 分）	1.称取原药量（15 分） 2.量取原药量或加水量（15 分）		

续表

考核内容	考核要点	得分	备注
混合、搅匀（20分）	1. 混合（10分） 2. 搅拌均匀（10分）		
装瓶（20分）	配制好的消毒液装入适宜的容器中（20分）		
总分			
评定等级	□优秀（90～100分）；□良好（80～89分）；□一般（60～79分）		

"猪场圈舍消毒"考核评价表

考核内容	考核要点	得分	备注
制订消毒程序，确定消毒方法（20分）	1. 制订消毒程序（10分） 2. 确定消毒方法（10分）		
选择消毒用具和药物（20分）	1. 选择消毒用具（10分） 2. 选择消毒药物（10分）		
清扫圈舍（10分）	彻底清扫圈舍（10分）		
用高压水枪冲洗圈舍（20分）	1. 会使用高压水枪（10分） 2. 彻底冲洗圈舍（10分）		
用消毒药液喷洒消毒圈舍（30分）	1. 从上到下消毒圈舍（10分） 2. 由里至外消毒圈舍（10分） 3. 重复消毒圈舍一遍（10分）		
总分			
评定等级	□优秀（90～100分）；□良好（80～89分）；□一般（60～79分）		

? 任务反思

1. 列表题（列举主要的10种消毒药）。

常用消毒药名称	浓度	用途

2. 影响化学消毒效果的因素有哪些？

3. 简述猪场消毒技术要点。

| 任务三　猪群免疫接种 |

任务描述

　　小刘在某集约化猪场工作，下周要给哺乳舍仔猪接种疫苗，请帮他制订或选择适当的免疫程序，并采用适宜的方法接种。

任务目标

知识目标

1. 能说出免疫接种方法的种类；

2. 能说出提高猪群免疫效果的措施。

技能目标

1. 会制订猪群免疫接种程序；

2. 会猪群的各种免疫接种操作。

※ 任务准备

猪群免疫接种
途径

一、免疫接种的概念

　　免疫接种是指根据特异性免疫的原理，采用人工方法给易感动物接种疫苗、类毒素或免疫血清等生物制品，使机体产生对相应病原体的抵抗力（即主动免疫或被动免疫），易感动物也就转化为非易感动物，从而达到保护个体和群体、预防和控制疫病的目的。

　　免疫接种是激发动物机体产生特异性抵抗力，使易感动物转化为不易感动物的一种手段。在防控传染病的诸多措施中，免疫接种是最经济、最方便、最有效的办法之一。

二、免疫接种的分类

　　免疫接种根据时机和目的不同，可分为预防接种和紧急接种。

1. 预防接种

　　为预防某些传染病的发生和流行，平时有计划地给健康畜禽进行的免疫接种，称为预防接种。

　　预防接种通常利用病原微生物、寄生虫及其组分或代谢产物制成的疫苗，通过接种疫苗，刺激动物体产生免疫应答，以达到预防疫病的目的。已有的疫苗概括起来分为活疫苗、灭活疫苗、代谢产物、亚单位疫苗以及生物技术疫苗。其中生物技术疫苗又分基因工程亚单位疫苗、合成肽疫苗、抗独特型疫苗、基因工程活疫苗以及 DNA 疫苗。

2. 紧急接种

　　在发生传染病时，为了迅速控制和扑灭疫病的流行，而对疫区和受威胁区内尚未发病的动物进行应急性免疫接种，称为紧急接种。

高免血清注入机体后免疫产生快，紧急接种使用高免血清效果较好。

用疫苗紧急接种时仅对尚未发病的动物进行，对发病动物及可能感染的处于潜伏期的动物，应该在严格消毒的情况下隔离，不能接种疫苗。由于无症状的动物中可能混有处于潜伏期的动物，这部分动物接种疫苗后不能获得保护，反而会促使它更快发病，因此在紧急接种后的一段时间内可能出现发病增多的现象。但疫苗接种后会很快产生抵抗力，因此发病率不久即可下降。

紧急接种是在疫区及周围的受威胁区进行，发生某些烈性传染病（如口蹄疫）时，须在疫区周围 5 km 紧急接种建立"免疫带"，以包围疫区，就地扑灭疫情，但这一措施须与其他防疫措施配合实施。

三、猪常用的免疫接种途径

根据生物制品的不同，可采用皮下注射、肌内注射等不同的接种方法，例如灭活疫苗、类毒素和亚单位疫苗一般用于皮下或肌内注射。

1. 皮下注射

皮下注射的部位在猪耳根后方或后腿膝部（图 7-26）。操作时左手拇指与食指捏取皮肤成皱褶，右手持注射针管在皱褶底部稍倾斜快速刺入皮肤与肌肉间，缓缓推药。注射完毕，将针拔出，立即以药棉揉擦，使药液散开。

2. 肌内注射

猪的肌内注射一律在臀部或颈部。此法作用迅速，剂量准确，效果确实。

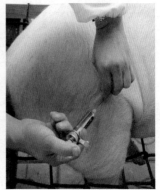

图 7-26　皮下注射

左手固定注射部位，右手拿注射器，针头垂直刺入肌肉内，然后左手固定注射器，右手将针芯回抽一下，如无回血，将药液慢慢注入。若有回血，应变更位置。如动物不安或皮厚不易刺入，可将注射针头取下，右手拇指、食指和中指紧持针尾，对准注射部位迅速刺入肌肉，然后针尾与注射器连接可靠后，注入疫苗。注射时要将针头留 1/4 在皮肤外面，以防折针后不易拔出。

四、免疫程序

免疫程序是根据猪群的免疫状态和传染病的流行季节，结合当地的具体疫情而制订的预防接种的疫病种类、接种时间、次数及间隔等具体实施程序。

（一）仔猪常用免疫接种程序

仔猪常用免疫接种程序见表 7-2。

表7-2　仔猪常用免疫接种程序

免疫时间	传染病名称	疫苗名称	接种方法
零时	猪瘟	猪瘟弱毒苗	皮下注射
15～20日龄	猪水肿病	猪水肿病多价苗	皮下注射
35日龄	猪副伤寒	猪副伤寒弱毒苗	皮下注射
40～45日龄	口蹄疫	口蹄疫O型亚洲I型苗	皮下注射
60～65日龄	猪瘟、猪丹毒、猪肺疫	猪瘟－猪丹毒－猪肺疫三联弱毒苗	皮下注射

（二）后备种猪常用免疫接种程序

后备种猪常用免疫接种程序见表7-3。

表7-3　后备种猪常用免疫接种程序

免疫时间	传染病名称	疫苗名称	接种方法
零时	猪瘟	猪瘟弱毒苗	皮下注射
15～20日龄	猪水肿病	猪水肿病多价灭活苗	皮下注射
35日龄	猪副伤寒	猪副伤寒弱毒苗	皮下注射
40～45日龄	口蹄疫	口蹄疫O型亚洲I型苗	皮下注射
45～50日龄	猪伪狂犬病	猪伪狂犬病基因工程苗	皮下注射
50～55日龄	猪副伤寒	猪副伤寒弱毒苗	皮下注射
60～65日龄	猪瘟、猪丹毒、猪肺疫	猪瘟－猪丹毒－猪肺疫三联弱毒苗	皮下注射
75～80日龄	猪伪狂犬病	猪伪狂犬病基因工程苗	皮下注射
100～105日龄，以后每4个月1次	口蹄疫	口蹄疫O型亚洲I型苗	皮下注射
公猪配种前60日、40日，母猪配种前10日、配种后10日	PRRS	PRRS灭活苗	皮下注射
初次配种前35日、20日，以后配种前35日	猪细小病毒病	猪细小病毒病灭活苗	皮下注射
配种前30日	猪伪狂犬病	猪伪狂犬病基因工程苗	皮下注射
配种前15日	猪瘟	猪瘟弱毒苗	皮下注射
	猪丹毒、猪肺疫	猪丹毒－猪肺疫二联弱毒苗	皮下注射
每年4—5月份	日本乙型脑炎	日本乙型脑炎灭活苗	皮下注射

（三）怀孕母猪常用免疫接种程序

怀孕母猪常用免疫接种程序见表7-4。

表 7-4　怀孕母猪常用免疫接种程序

免疫时间	传染病名称	疫苗名称	接种方法
产前 40 日、25 日	仔猪大肠杆菌病	仔猪大肠杆菌三价苗灭活苗	皮下注射
产前 35 日、20 日	猪流行性腹泻（PED）、猪传染性胃肠炎（PGE）	PED-PGE 二联苗	皮下注射
产前 30 日	猪伪狂犬病	猪伪狂犬病基因工程疫苗	皮下注射
产前 15 日	仔猪红痢	仔猪红痢灭活苗	皮下注射

五、导致免疫失败的因素

（一）疫苗因素

1. 疫苗质量

（1）由于疫苗生产厂家的生产技术、生产工艺或生产流程等方面的问题，生产的疫苗带菌、带毒，造成疫苗污染。

（2）疫苗质量达不到规定的效价，有效抗原含量不足，免疫效果差。

（3）疫苗瓶失去真空，使疫苗效价逐渐下降乃至消失。

（4）疫苗毒株（或菌株）的血清型不包括引起疾病病原的血清型或亚型。

（5）佐剂的应用不合理，忽视黏膜免疫。

2. 疫苗的保存与运输

任何疫苗都有它的有效期与保存期，即使将疫苗放置在符合要求的条件下保存，它的免疫效价也会随着时间的延长而逐渐降低。疫苗保存温度不当、阳光直射或者反复冻融，均会造成疫苗效价的迅速下降。在长时间运输过程中，由于不能达到疫苗贮藏的温度要求，疫苗中有效抗原成分减少、疫苗失效或效价降低。

3. 疫苗使用

疫苗在免疫接种前放置时间过长，稀释后疫苗在使用时未充分摇匀，疫苗稀释后未在规定时间内用完，都会影响疫苗的效价；疫苗稀释方法与稀释液的选择不当会造成免疫效价降低或免疫失败。

（二）人为因素

1. 免疫程序不合理

猪场未根据当地猪病流行情况和本场疫病发生的实际情况制订出合理的免疫程序、最佳的免疫次数和免疫间隔，会导致免疫失败。

（1）给怀孕母猪接种的弱毒苗，如猪丹毒菌苗，则毒苗有可能进入胎儿体内，胎儿的免疫系统未成熟，导致免疫耐受和持续感染，有的还可引起流产、死胎或畸胎。

（2）如果猪群在免疫期间遭受感染，疫苗还来不及诱导免疫力，猪群就会发生临床疫病，表现为疫苗免疫失败。在这种情况下，疾病症状会在接种后不久出现，人们就会误以为是疫苗毒所致。

（3）未对猪群免疫力进行及时检测。对接种后未产生保护性免疫力、抗体水平下降至临界值的猪只没有及时进行补免，造成免疫空白，一旦强毒感染，就会导致发病。

（4）给不健康的猪群接种，猪只不能产生抵抗感染的足够免疫力。

（5）未选用合适的疫苗，在猪瘟强毒流行地区，给猪免疫猪瘟-猪丹毒-猪肺疫三联苗。由于猪瘟病毒的免疫剂量较小，猪瘟免疫效果差。

（6）定期做好母源抗体监测，以确定首免时间。做好血清抗体监测，以确定猪群群体免疫力和野毒感染情况，为制订免疫程序提供依据。

2.疫苗接种的方法、剂量不当

（1）技术不熟练，注射时打空针、漏针，或反复在一点注射，造成该部位肌肉坏死；或用过短过粗的针头注射，造成疫苗外溢。

（2）选择的免疫方法、剂量不当，擅自减少剂量或操作不精，随意加大剂量。应用口服式疫苗免疫时，疫苗混合不均，造成饮入量过大或过小。疫苗剂量过大也会产生副作用或出现免疫麻痹反应；疫苗剂量过小不能产生足够的抗体，易出现免疫耐受现象。

3.疫苗接种途径

对每一种疫苗来说都有其特定的接种途径。如将皮下接种的疫苗错误地进行了肌内接种就会导致失败。

4.器械、用具、接种部位消毒不严

稀释疫苗的工具及器械（针头、注射器）未经消毒、消毒不严或虽经正确消毒但存放时间过长，超过消毒有效期，操作时造成疫苗被污染等，都会影响免疫效果。在免疫接种时，没有用酒精对碘酊消毒部位进行脱碘处理而急于注射，使碘酊与疫苗接触，这对活疫苗有破坏作用。另外，包裹注射针头外的棉花酒精温湿度过大，酒精渗进针孔，也将损坏活疫苗活力。针头选用要适当，否则会影响免疫效果。

（三）母源抗体干扰

母源抗体是从母体中获得的，具有双重性，既对初生仔猪有保护作用，又会干扰仔猪的首次免疫效果，尤其是弱毒疫苗。在给仔猪使用高质量的疫苗时，能否有良好的免疫效果与母源抗体滴度有关。体内未消失的母源抗体与注射疫苗中和，可影响仔猪主动免疫的产生。母源抗体有一定的消长规律，需待母源抗体水平降到一定程度时，才可进行免疫接种，否则不能产生预期的免疫效果。

（四）营养水平和健康状况

营养的缺乏将导致猪群免疫功能低下。缺乏维生素A、维生素C、维生素D、维生素E和多种微量元素及全价蛋白时能影响机体对抗原的免疫应答，使免疫反应明显受到抑制。

猪只健康状况差、发育异常、有遗传类疾病等，都会降低机体的免疫应答能力，增加对其他疾病的易感性，引起免疫抑制。

（五）猪体的免疫机能受到抑制

1.自身的免疫抑制

动物机体对接种抗原是否有免疫应答在一定程度上是受遗传控制的。猪的品种繁多，免疫应答各有差异，即使同一品种不同个体的猪只，对同一疫苗的免疫反应的强弱也不一致。另外，猪只若有先天性免疫缺陷，也会导致免疫失败。

2.毒物与毒素所引起的免疫抑制

霉菌毒素、重金属、工业化学物质和杀虫剂等可损害免疫系统，引起免疫抑制。

3.药物所引起的免疫抑制

免疫接种期间使用了免疫抑制药物，如地塞米松（糖皮质激素）、氯霉素（抗菌药），可导致免疫抑制。要限制使用可抑制机体免疫反应的药物，特别是在机体免疫接种期间。在免疫时可适当选用免疫增强剂，如0.1%亚硒酸钠维生素E合剂1.0 mL肌注及一些具有免疫增强作用的中药制剂。

4.环境应激所引起的免疫抑制

应激因素，如环境过冷过热、湿度过大、通风不良、拥挤、饲料突变、运输、转群、混群、限饲、噪声、保定、疾病等，导致血浆皮质醇浓度显著升高，抑制猪群免疫功能。

5.病原体感染所引起的免疫抑制

引起免疫抑制的感染因素主要包括以下几个方面。

（1）猪肺炎支原体感染损害呼吸道上皮黏液纤毛系统，引起单核细胞流入细支气管和血管周围，刺激机体产生促炎细胞因子，降低巨噬细胞的吞噬杀菌作用，引起免疫抑制。

（2）猪繁殖与呼吸综合征病毒损伤猪体的免疫系统和呼吸系统，特别是肺，感染肺泡巨噬细胞或单核细胞，引起免疫抑制。人工感染猪Ⅱ型圆环病毒和猪繁殖与呼吸综合征病毒，可出现猪多系统衰竭综合征（PMWS）。在猪肺炎支原体的免疫时或免疫之后，感染猪繁殖与呼吸综合征病毒将降低猪肺炎支原体的免疫效果。

（3）猪伪狂犬病病毒能损伤猪肺的防御体系，抑制肺泡巨噬细胞的功能。如伪狂犬病病毒可在单核细胞和肺泡巨噬细胞内进行复制并损害其杀菌和细胞毒功能。

（4）猪细小病毒可在肺泡巨噬细胞和淋巴细胞内复制，并损害巨噬细胞的吞噬功能和淋巴细胞的母细胞化能力。

（5）胸膜肺炎放线菌的细胞毒素对肺泡巨噬细胞有毒性。

（6）免疫前已感染了所免疫预防的疾病或其他疾病，降低了机体的抗病能力及对疫苗接种的应答能力。猪群免疫功能受到抑制时，猪群不能充分地对免疫接种做出应答，甚至在正常情况下具有较低致病性的微生物或弱毒疫苗也可引起猪群发病，使猪群发生难以控制的复发性疾病、多种疾病综合征，导致猪只死亡率增加。在这种情况下必要时应使用死苗免疫。

（六）强毒株流行

强毒株流行是免疫失败的重要原因，如猪瘟病毒的强毒株流行可导致猪瘟免疫失效。怀孕母猪感染猪瘟强毒株、野毒株后，可通过胎盘造成乳猪在出生前即被感染，发生乳猪猪瘟。

（七）免疫干扰

1.已有抗体和细胞免疫的干扰

体内已有抗体的干扰是指母源抗体的存在，可使仔猪在一定时间内被动得到保护，但又给免疫接种带来影响。一般情况下，母源抗体持续时间为：猪瘟 18～74 天，平均 60 天左右；猪丹毒 90 天左右；猪肺疫 60～70 天；猪伪狂犬病 21～28 天；猪细小病毒病 14～28 周。在此期间接种疫苗，则会由于抗体的中和吸附作用，不能诱发机体产生免疫应答，导致免疫失败。在母源抗体完全消失后再接种疫苗，又增加了仔猪感染病原的风险。

2.病原微生物之间的干扰作用

同时免疫两种或多种弱毒苗往往会产生干扰现象，干扰的原因可能有两个方面。一是两种病毒感染的受体相似或相等，产生竞争作用；二是一种病毒感染细胞后产生干扰素，影响另一种病毒的复制。

3.药物的作用

在使用由细菌制成的活苗（如巴氏杆菌苗、猪丹毒杆菌苗）时，猪群在接种前后 10 天内使用（包括拌料）敏感的抗菌类药物（包括敏感的具有抗菌作用的中药）易造成免疫失败。将病毒苗与弱毒菌苗混合使用，若病毒苗中加有抗生素则可杀死弱毒菌苗，从而导致免疫失败。在使用活菌制剂（包括猪丹毒、猪肺疫、仔猪副伤寒弱毒苗）前 10 天和后 10 天，应避免给予猪只敏感的抗菌药（如在饲料、饮水中添加或肌注等）。若饲料中有敏感的抗菌药，应选用适宜灭活菌苗，而不能用活菌苗。

总之，导致猪群免疫失败的因素很多。防止猪病不能单纯依赖疫苗提供 100% 的保护。只有结合防治措施，才能充分发挥疫苗的作用，避免免疫失败。

六、提高猪群免疫效果

1.正确选择疫苗，规范操作程序

（1）到国家认定的经营单位购买有正规企业名称、标签说明书、产品批准文号、生产批号、生产日期和有效期等质量可靠的疫苗。

（2）按照生物制品管理有关规定，正确保存、运输和使用疫苗。疫苗的保存及整个流转过程（包括运输、入库、储存、接种等）都必须保证在低温状态下，按规定避光保存，保证疫苗中的病毒含量在有效范围内。冻干疫苗一般需要在 -15 ℃以下冷冻保存，温度越低，保存时间越长；一些进口冻干疫苗因加入了耐热保护剂，可以在 4～6 ℃保存；油乳剂疫苗的保存温度一般在 2～8 ℃。

（3）严格按照说明书使用疫苗，使用时首先要注意疫苗包装是否完好，是否在有效期内，严格按要求选择合适的稀释液进行稀释使用，稀释液温度不能太高，刚取出的冻干疫苗要放置一段时间，待与稀释液温度相近时，再按说明进行稀释，以防止疫苗因温差过大而失活。不能在稀释液中随便添加抗生素等物质。稀释后的疫苗要振荡均匀后抽取使用。

（4）疫苗要现配现用，稀释后的疫苗要及时使用，气温15 ℃左右当天用完；15 ~ 25 ℃，6 h用完；25 ℃以上，4 h以内用完。未用完的疫苗及空瓶要经高温灭活处理后废弃，以免余毒扩散、弱毒返强和污染环境。

（5）选择恰当的针头，正确进行消毒，掌握熟练的接种技术。在免疫接种时，应根据对象不同，选择恰当的针头，给小猪免疫时，针头可短些，但给大猪进行颈部肌内注射疫苗时，注射器针头（35 mm长）应垂直于皮肤注入猪的颈部肌肉层内，防止注入皮下脂肪层而影响疫苗的实效性。注射前应做好注射部位的消毒和脱毒处理。注射时防止打空针、漏针。

2.制订科学的免疫程序，严格按照规程执行

根据当地疫病发生和流行情况，以及省、市、区（县）动物防疫部门制订的免疫程序，结合养殖场的综合防治条件及猪的抗体水平确定接种疫苗的种类、时间、方法、次数、剂量。制订免疫程序应遵循以下原则：

（1）规模猪场的免疫程序由传染病的特性决定，对持续时间长、危害程度大的某些传染病应制订长期的免疫防治对策。

（2）根据疫苗的种类、接种途径、产生免疫力需要的时间、免疫力的持续期等相关疫苗免疫学特性制订科学的免疫程序。

（3）各规模猪场根据本场实际制订免疫程序，在执行过程中应有相对的稳定性。

（4）在确定免疫程序时，最好先测定仔猪断奶时的母源抗体效价，再确定免疫的时间和剂量。

3.克服母源抗体干扰

通过母源抗体水平的检测制订合理的免疫程序，如果仔猪群存在较高水平的抗体，则会影响疫苗的免疫效果。

据报道，仔猪1日龄中和抗体滴度在1 : 512以上，10日龄中和抗体滴度在1 : 128以上，15日龄下降至1 : 64以上，这期间保护率为100%；20日龄时抗体滴度下降至1 : 32，保护率为75%，此时为疫苗的临界线；30日龄时抗体滴度下降至1 : 16以下，无免疫力。如果新生仔猪有母源抗体的存在，且抗体水平未降到适当水平（中和抗体滴度为1 : 32）就给仔猪接种疫苗，就会造成母源抗体封闭，破坏仔猪机体的被动免疫，从而发生猪瘟。也有的仔猪在21 ~ 25日龄接种了疫苗，从此再也没有免疫接种，由于其体内尚残留部分母源抗体，能干扰疫苗的免疫力，免疫时间较短，抵抗不住野毒的侵袭而得病，导致免疫失效。

4.加强饲养管理，减少应激，防止免疫抑制性疾病发生

（1）要注意饲料营养成分的监测，确保不含霉菌毒素和其他化学物质，饲喂近期生产的优质全价饲料，夏季应注意添加多维素（许多维生素在夏季容易被还原而失效），增加机体抵抗力。

（2）要搞好环境卫生，消灭传染源。

（3）减少应激因素的产生，在免疫前后24 h内尽量减少应激、不改变饲料品质、不安排转群、减少噪声、控制好温度及饲养密度、通风、勤换垫料，适当增加蛋氨酸、缬氨酸、维生素A、维生素B、维生素C、维生素D及脂肪酸等。接种疫苗时要处置得当，防止猪受到惊吓。遇到不可避免的应激时，应在接种前后3～5天，在饮水中加入抗应激制剂，如电解多维、维生素C、维生素E；或在饲料中加入利血平、氯丙嗪等抗应激药物，以有效缓解和降低各种应激，增强免疫效果。

（4）认真做好免疫抑制性疾病的防治工作，勤观察，发现疾病及时治疗，等待猪健康后再免疫。

5.建立健全各项制度并严格执行

（1）猪场应建立卫生管理制度，实行生产区与生活区分区管理，严禁人员随意进出，加强猪群的健康管理。

（2）建立切实可行的消毒制度，如在进出口设消毒池。猪舍内进行定期消毒，"全进全出"清洗消毒，定期全场大消毒等。

（3）建立预防接种和驱虫制度，按时做好药物驱虫工作。

（4）建立检疫与疫病监测制度，尤其是做好引种的隔离防疫工作。

（5）建立健全的病死猪无害化处理制度，及时隔离病猪，规范病死猪的无害化处理。

（6）猪场应针对存在的细菌性疾病种类和发生阶段，规范使用兽药，采用集体处理与个别用药相结合，注意用药方式、剂量和疗程，减少或避免用药对免疫工作的影响。

6.树立"养重于防、防重于治"的理念

在饲养管理过程中，要始终树立"养重于防、防重于治"的饲养管理理念，不要迷信和夸大免疫的作用，免疫只是防控疾病的重要手段之一。要在定期开展免疫工作的同时，切实加强养猪生产各个环节的消毒卫生工作，降低和消除猪场内的病原微生物，减少和杜绝猪群的外源性感染机会，加强饲养管理，提高猪只自身抗病力。

总之，猪场防疫的好坏关系到养猪效益的高低和猪场的成败。要加强对基层免疫人员的技术培训，提高从业人员技术水平。制订免疫程序一定要符合猪场实际情况，疫苗的选购、运输、存储、使用等各个环节都需要高度责任心和进行细致、周到的工作，才能更好地发挥免疫效果。

※ 任务实施

一、制订猪场免疫程序

1.目标

通过实训，能制订合理的猪场免疫程序。

2.材料

不同猪场、各个阶段猪的免疫程序，笔，直尺，白纸，橡皮。

3.操作步骤

（1）养殖场或养殖专业户免疫前的疫病调查。

（2）收集不同猪场、各阶段猪的免疫程序。

（3）比较不同猪场、各阶段猪的免疫程序。

（4）根据疫病调查及原免疫状况，结合现场实际制订合理的免疫程序。

二、猪的现场免疫接种

1.目标

通过实训，掌握猪的免疫接种规范操作。

2.材料

某养猪场、疫苗、稀释液、驱虫药、地塞米松或盐酸肾上腺素、酒精、碘酒、来苏儿、新洁尔灭；脱脂棉、纱布、消毒锅、手术镊、手术剪、毛剪、注射器、注射针头、带盖搪瓷盘、脸盆、肥皂、毛巾、工作服、帽、胶靴、登记册或卡等。

3.操作步骤

（1）根据免疫程序选择一种或几种疫苗。

（2）根据选择的疫苗要求确定相应的操作方法。

（3）器械消毒：放在消毒锅内煮沸 30 min，然后用无菌纱布包裹在锅内煮。

（4）疫苗的稀释：严格按生产厂家要求选择稀释液，掌握好稀释倍数和稀释方法。

（5）对将要接种的部位进行剪毛、消毒等处理。

（6）正确进行接种操作并做好登记。

（7）认真观察接种后的猪群，发现过敏个体及时用地塞米松或盐酸肾上腺素进行解救。

※ **任务评价**

"制订猪场免疫程序"考核评价表

考核内容	考核要点	得分	备注
养殖场或养殖专业户免疫前的疫病调查（30分）	1.仔猪疫情调查（15分） 2.母猪疫情调查（15分）		
收集不同猪场、各阶段猪的免疫程序（30分）	1.收集不同猪场的免疫程序（15分） 2.收集各阶段猪的免疫程序（15分）		
比较不同猪场、各阶段猪的免疫程序（10分）	比较不同猪场、各阶段猪的免疫程序（10分）		
根据疫病调查及原免疫状况，结合现场实际制订合理的免疫程序（30分）	1.制订仔猪的免疫程序（10分） 2.制订后备母猪的免疫程序（10分） 3.制订怀孕母猪的免疫程序（10分）		
总分			
评定等级	□优秀（90～100分）；□良好（80～89分）；□一般（60～79分）		

"猪的现场免疫接种"考核评价表

考核内容	考核要点	得分	备注
根据免疫程序选择疫苗（10分）	根据免疫程序选择一种或几种疫苗（10分）		
确定免疫接种方法（10分）	确定相应的免疫接种操作方法（10分）		
器械消毒（10分）	正确消毒器械（10分）		
疫苗的稀释（20分）	正确稀释疫苗（20分）		
接种部位的处理（10分）	正确对将要接种的部位进行剪毛、消毒等处理（10分）		
接种操作与接种登记（30分）	1. 正确进行接种操作（20分） 2. 正确做好登记（10分）		
观察接种后的猪群及处理（10分）	认真观察接种后的猪群，发现过敏个体及时用地塞米松或盐酸肾上腺素进行解救（10分）		
总分			
评定等级	□优秀（90～100分）；□良好（80～89分）；□一般（60～79分）		

任务反思

1. 写出免疫接种的概念及类型。

2. 导致免疫失败的因素有哪些?

3. 说出提高猪群免疫效果的措施。

任务四 控制与净化猪场寄生虫病

任务描述

某集约化猪场场长安排兽医人员小周制订猪场控制与净化寄生虫病方案，并按方案实施常见寄生虫病的控制和净化。

任务目标

知识目标

1. 能说出猪场主要寄生虫病的类型。

2. 能说出猪场常见寄生虫病综合净化措施。

技能目标

1. 会制订猪场寄生虫病综合净化方案。

2. 会控制常见寄生虫病。

3. 会净化猪场常见寄生虫病。

※ 任务准备

一、猪场主要寄生虫病的类型

（1）皮肤寄生虫病，如疥螨病、蠕形螨病、三色伊蝇蛆病以及猪血虱和虻与蚊引起的皮肤病等。

猪场主要寄生虫病的类型

（2）肌肉寄生虫病，如旋毛虫病、猪囊虫病等。

（3）心脏及血液寄生虫病，如附红细胞体病、猪浆膜丝虫病等。

（4）消化道线虫绦虫病，如蛔虫病、食道口线虫病（结节虫病）、毛首线虫病（鞭虫）、钩虫病、类圆线虫病、膜壳绦虫病等。

（5）肾虫病。

（6）弓形体病。

（7）仔猪球虫病。

（8）隐孢子虫病。

（9）结肠小袋纤毛虫病。

二、综合控制与净化寄生虫病

1. 控制与净化猪疥螨

（1）长效驱虫注射液（伊维菌素）+体外高效喷雾杀虫药（溴氧菊酯）　种公猪每年注射长效驱虫注射液（伊维菌素的升级产品"通灭"或"全灭"）2次；母猪产仔前2周注射1次；仔猪断奶时注射1次；商品猪引进当日注射1次；注射长效驱虫注射液后全场喷雾杀虫2次。长效驱虫注射液+体外高效喷雾杀虫药适用于疥螨和内寄生虫感染严重的猪场，连续使用，可以达到净化的效果。

（2）长效驱虫预混剂（芬苯达唑、伊维菌素的升级产品）+体外高效喷雾杀虫药　首先全群猪只用药1次。种公猪、种母猪：每3个月用预混剂拌料驱虫1次；仔猪：在断奶后转群时拌料驱虫1次；育成猪：转群时拌料驱虫1次；引进猪：并群前拌料驱虫1次，用预混剂驱虫的同时全场喷雾杀虫2次。长效驱虫预混剂+体外高效喷雾杀虫药适用于疥螨和内寄生虫感染不严重的猪场。

2. 控制与净化猪蛔虫病

控制和净化猪蛔虫的关键是正确使用驱虫药物以防止猪蛔虫的反复感染。

（1）猪蛔虫中、轻度感染的猪场　针对不同猪群，可采用以下用药程序：怀孕母猪在其怀孕前和产仔前1~2周驱虫1次；种公猪每年至少驱虫2次；断奶仔猪在转入新圈前驱虫 1 次，并且在 4 ~ 6 周后再驱虫 1 次；后备猪在配种前驱虫 1 次；新引进的猪必须驱虫后再并群。

（2）猪蛔虫重度感染的猪场　采用成熟前连续驱虫法进行猪蛔虫的控制和净化。针对不同猪群可采用以下用药程序：商品仔猪出生后 30 日龄第 1 次驱虫，以后每隔 1 ~ 1.5 个月驱虫 1 次；种公猪及后备母猪每隔 1 ~ 1.5 个月驱虫 1 次；母猪配种前和怀孕母猪产前 2 周内各驱虫 1 次；新引进的猪必须驱虫后再并群。

驱蛔虫药物：可选用左旋咪唑、丙硫咪唑、芬苯达唑、氟苯达唑及伊维菌素等。同时，应注意猪舍的清洁卫生，产房和猪舍在进猪前都需进行彻底清洗和消毒，以减少蛔虫卵对环境的污染。尽量将猪的粪便和垫草在固定地点堆积发酵。

3. 控制与净化猪弓形体病

（1）选用药物

① 10% 增效磺胺 -5- 甲氧嘧啶（或磺胺 -6- 甲氧嘧啶）注射液，按 0.2 mL/kg 体重剂量肌内注射，每日 2 次，连用 3 ~ 5 天。

②磺胺 -6- 甲氧嘧啶按 60 ~ 100 mg/kg 体重，单独口服或配合甲氧苄氨嘧啶（TMP，14 mg/kg 体重）口服，每日 1 次，连用 4 次。

③ 12% 复方磺胺甲氧吡嗪注射液，50 ~ 60 mg/kg 体重，每日 1 次肌内注射，连用 3 ~ 5 天。

④复方磺胺嘧啶钠注射液，按 70 mg/kg 剂量（首次量加倍）肌内注射，每日 2 次，连用 3 ~ 5 天。

⑤磺胺嘧啶与甲氧苄氨嘧啶联合应用，前者 70 mg/kg，后者 14 mg/kg，每日 2 次，连用 3 ~ 5 天。

⑥磺胺嘧啶与乙胺嘧啶联合应用，前者 70 mg/kg，后者 6 mg/kg，每日 2 次，连用 3 ~ 5 天。

（2）强化综合预防措施　由于本病感染源广、感染途径多，而且当前没有有效疫苗进行预防，因此必须采用综合防治措施进行预防控制。

①猪场内禁止养猫，对野猫也要捕捉扑杀，及时杀虫灭鼠，以防滋养体、包囊或卵囊污染饲料、饮水和环境，造成感染。

②做好日常卫生消毒工作。对病死猪、流产的胎儿和分泌物进行焚烧深埋处理，场地进行严格消毒，常用来苏儿或 0.5% 氨水进行猪舍及用具的消毒。

③药物预防。规模化猪场要制订有效可行的预防措施，发病猪场在每年 10 ~ 11 月，在饲料中按 200 ~ 300 mg/kg 的剂量添加磺胺 -6- 甲氧嘧啶，连用 3 ~ 5 天，停药 20 天后，再用 2 ~ 4 天，可有效预防本病的发生。

4. 控制与净化猪附红细胞体病

猪附红细胞体病的传播途径主要有接触性、血源性、垂直性及媒介昆虫传播等，其中垂直性及媒介昆虫传播为主要的传播途径。本病的控制与净化主要从以下两个方面进行。

（1）及时治疗病猪　药物治疗的关键是发病早期用药，但不管是注射给药还是口服用药，都只能缓解临床症状，让机体与病原处于一个相对平衡的状态而不继续发病，基本不能彻底根除病原。可选用以下药物。

①贝尼尔注射液，8 mg/kg 体重，深部肌内注射，2 次 / 天，连用 3 天；同时在饲料中添加土霉素，按 200 ~ 400 mg/kg 混饲。

②新胂凡钠明（914），15 ~ 45 mg/kg 体重，静脉注射，防止漏出血管。

③大蒜素，10 ~ 15 mg/kg 体重，用生理盐水稀释后静脉注射，连用 3 ~ 5 天。

④盐酸四环素注射液，5 ~ 10 mg/kg 体重 +5% 葡萄糖注射液 200 ~ 300 mL，静脉注射，连用 3 天。

⑤强力霉素注射液，1 ~ 3 mg/kg 体重，静脉注射或肌内注射，连用 3 天。

（2）做好预防工作　预防本病的发生主要采取综合性措施，对于一个猪群而言，阻断感染的传播途径、增强机体抵抗力和减少应激反应的发生是很重要的。对于附红细胞体病感染呈阴性的猪群，应着重搞好圈舍和饲养用具的卫生，并定期进行消毒。同时加强对吸血昆虫的杀灭，严防吸血昆虫叮咬而引起本病的传播；在实施诸如阉割、打记号、注射等饲养管理程序时，应防止外科器械和注射器被血液污染而引起传播。对于呈隐性感染的猪群而言，发病的频率可能会增高，但是宿主与病原之间最终会达到某种平衡。如果这种平衡被打破，那么急性附红细胞体病会在任何时候发生。因此应尽量减少猪群的应激，可采用增强猪群抵抗力的办法，如定期在饲料中添加一定比例的免疫增强剂，也可添加一定量的预防类药物，如土霉素（混饲 20 mg/kg 体重）、四环素（5 ~ 10 mg/kg 体重）等，以保持机体与病原处于某种平衡状态而不致发病。

5. 控制与净化球虫病

由于养猪规模化和集约化生产的发展，仔猪球虫病越来越常见，并有逐年增高的趋势，在养猪生产中应引起足够的重视。本病的控制与净化主要从以下两方面着手。

（1）及时治疗病猪　5% 三嗪酮悬液、止痢注射液对仔猪球虫病有极好的治疗预防效果。

（2）强化综合预防措施　新生仔猪应初乳喂养，保持幼龄猪舍清洁、干燥；饲槽和饮水器应定期消毒，防止粪便污染；尽量减少因断奶、饲料突变和运输产生的应激因素。母猪在产前 2 周和整个哺乳期饲料内添加 200 mg/kg 的氨丙啉对等孢球虫病具有良好的预防效果。

6. 控制与预防猪场蝇类

每个规模化猪场都在尽可能地想办法解决苍蝇控制问题，但大部分效果不理想。目前主要的实用可行的控制办法分以下几类。

（1）喷雾灭蝇法　此法简单实用，成本低，使用安全。

（2）用糖或信息激素作诱导　拌杀虫剂进行诱杀，此法具经济、安全、高效的特性，多点放置效果佳。

（3）使用杀蛆药　在饲料中添加环丙氨嗪（5 g/t 料，100% 纯度）。利用其绝大部分以原形及其代谢产物的形式随粪便排至体外的特性，将粪便蝇蛆杀灭。

（4）控制猪舍内湿度，对粪便进行处理　保持舍内干燥是控制苍蝇繁殖的最好方法，加速粪便干燥与湿化粪便的方法均可抑制苍蝇繁殖。

※ 任务实施

制订猪场控制与净化寄生虫病方案

1.目标

通过任务实施，能制订合理猪场控制与净化寄生虫病方案。

2.材料

不同猪场、猪的寄生虫病资料、笔、直尺、白纸、橡皮。

3.操作步骤

（1）调查养殖场或养殖专业户寄生虫病发生与防治情况。

（2）收集并比较研究猪场寄生虫病的防制效果。

（3）制订猪场寄生虫病控制与净化实施方案。

※ 任务评价

"制订猪场控制与净化寄生虫病方案"考核评价表

考核内容	考核要点	得分	备注
调查养殖场或养殖专业户寄生虫病发生与防治情况（30分）	1.调查养殖场或养殖专业户寄生虫病发生情况（15分） 2.调查养殖场或养殖专业户寄生虫病防治情况（15分）		
收集并比较研究猪场寄生虫病的防治效果（30分）	收集并比较研究不同猪场各类寄生虫病的防治效果（30分）		
制订猪场寄生虫病控制与净化实施方案（40分）	制订猪场寄生虫病控制与净化实施方案（40分）		
总分			
评定等级	□优秀（90～100分）；□良好（80～89分）；□一般（60～79分）		

❓任务反思

1.猪场主要寄生虫病的类型有哪些？

2.列表比较猪场综合控制与净化寄生虫病的措施。

| 任务五　猪场废弃物处理 |

任务描述

　　小李应聘了某猪场废弃物处理工作岗位，该岗位每天都要使用猪场粪污处理设备及时处理死猪。请你教他如何正确使用猪场粪污处理设备和正确处理死猪。

任务目标

知识目标

1. 能说出猪场废弃物处理的措施。

2. 能说出猪场处理死猪的正确方法。

技能目标

1. 会正确使用猪场粪污处理设备。

2. 会正确处理死猪。

※ 任务准备

　　我国规模化养猪业发展愈发迅猛，我国已然成为世界上最大的猪肉生产国之一，而大多数的简易设施远未达到相关要求标准，这也使规模化猪场周边与附近环境污染问题日益凸显，成为限制养猪业发展的首要因素，也是破坏生态环境的因素之一。因此，加强猪场的环境保护、注重猪场废弃物的处理、合理利用废弃物、减少对环境的污染，才能促进养猪业的发展，同时还能实现生态环境的保护。

　　目前，国内外治理猪场污染主要分为控制饲养规模、科学饲养治理和粪污处理与利用。不同阶段猪群的粪尿产量（鲜量）见表 7-5。

表 7-5　不同阶段猪群的粪尿产量（鲜量）

种类	体重 /kg	每头每天排泄量 /kg			平均每头每年排泄量 /t		
		粪量	尿量	粪尿合计	粪量	尿量	粪尿合计
种公猪	200 ~ 300	2.0 ~ 3.0	4.0 ~ 7.0	6.0 ~ 10.0	0.9	2.0	2.9
空怀、妊娠母猪	160 ~ 300	2.1 ~ 2.8	4.0 ~ 7.0	6.1 ~ 9.8	0.9	2.0	2.9
哺乳母猪	—	2.5 ~ 4.2	4.0 ~ 7.0	6.5 ~ 11.2	1.2	2.0	3.2
培育仔猪	30	1.1 ~ 1.6	1.0 ~ 3.0	2.1 ~ 4.6	0.5	0.7	1.2
育成猪	60	1.9 ~ 2.7	2.0 ~ 5.0	3.9 ~ 7.7	0.8	1.3	2.1
育肥猪	90	2.3 ~ 3.2	3.0 ~ 7.0	5.3 ~ 10.2	1.0	1.8	2.8

一、控制饲养规模

猪场污染物的排放量与生产规模成正比，规划猪场时，必须充分考虑污染物的处理能力，做到生产规模与处理能力相适应，保证全部污染物得到及时有效的处理。

发达国家对养猪场污染物的治理主要采用源头控制的对策，因为即使在对农民有巨额补贴的欧洲国家，能够采用污水处理设备的养猪场也很少，因此养猪场的面源控制，主要通过制订养猪场农田最低配置（养猪场饲养量必须与周边可蓄纳猪粪便的农田面积相匹配）、养猪场化粪池容量、密封性等方面的规定进行。在日本、欧洲大部分国家和地区，强制要求单位面积的养猪数量，使养猪数量与地表的植物及自净能力相适应。

借鉴国外的经验，我国在新建养猪场时，应进行合理的规划，以环境容量来控制养猪场的总量规模，调整养猪场布局，划定禁养区、限养区和适养区，同时应加强对新建场的严格审批制度，新建场一般要设置隔离带或绿化带，并执行新建项目的环境影响评价制度和污染治理设施建设的"三同时"（养猪场建设应与污染物的综合利用、处理与处置同时设计、同时施工和同时投入使用）制度，还可以借鉴工业污染治理中的经验，从制订工艺标准、购买设备补贴以及提高水价等方面推行节水型畜牧生产工艺，从源头上控制集约化养猪场污水量。

二、科学饲养治理

按猪的饲养标准科学配制日粮，加强饲养管理，提高饲料转化率，不仅能够减少饲料浪费，还能减少排泄物中的养分含量。这是降低猪粪尿对环境造成污染的根本措施。

（一）采取营养性环保措施

（1）按照"理想蛋白质模式"配制平衡日粮，合理添加人工合成的氨基酸，适当降低饲料中蛋白质的含量，可提高饲料中蛋白质的利用率，使粪尿中氨的排泄量减少30% ~ 45%。

（2）应用有机微量元素代替无机微量元素，提高微量元素的利用效率，降低微量元素的排出量，减少微量元素对环境的污染。

（3）应用酶制剂，提高猪对蛋白质、矿物微量元素的利用率。大量研究结果证明，在日粮中添加植酸酶可显著提高植物性饲料中植酸磷的利用效率，使猪粪中磷的含量减少50%以上，被公认为是降低磷排泄量最有效的方法之一。饲料中添加纤维素酶和蛋白酶等消化酶，可以减少粪便排放量和粪中的含氮量。

（4）应用微生态制剂，在猪体内创造有利于其生长的微生态环境，维持肠道正常生理功能，促进动物肠道内营养物质的消化和吸收，提高饲料利用率。同时，还能抑制腐败菌的繁殖，降低肠道和血液中内毒素及尿素酶的含量，有效减少有害气体产生。

（5）在饲料中合理添加脂肪，提高能量水平，可显著降低粪便的排泄量。

（二）多阶段饲喂

多阶段饲喂可提高饲料转化率，猪在育肥后期，采用二阶段饲喂比采用一阶段饲喂的氮排泄量减少8.5%。饲喂阶段分得越细，不同营养水平日粮种类分得越多，越有利于减少氮的排泄。

（三）强化管理

推广猪场清洁生产技术，采用科学的房舍结构、生产工艺，实现固体和液体、粪和尿、雨水和污水三分离，降低污水产生量和降低污水氨、氮浓度。通过对生产过程中主要产生污染环节实行全程控制，达到控制和防治畜禽养殖可能对环境产生的污染。

三、粪污处理与利用

猪场粪尿及污水的合理利用，既可以防止环境污染，又能变废为宝，利用方法主要是用作肥料、用作制沼气的原料、用作饲料和培养料等。

猪场粪污处理
与利用

（一）粪便的无害化处理与利用

1.堆肥发酵

堆肥发酵是利用微生物分解物料中的有机质并产生 50～70℃的高温，杀死病原微生物、寄生虫及其虫卵和草籽等，腐熟后的物料无臭，复杂有机物被降解为易被植物吸收的简单化合物，变成高效有机肥料。

（1）自然堆肥法　自然堆肥法为传统的堆肥方法，将物料堆成长、宽、高分别为10～15 m、2～4 m、1.5～2 m 的条垛，在气温 20℃左右需腐熟 15～20 天，其间需翻堆 1～2 次，以供氧、散热和使发酵均匀，此后需静置堆放 2～3 个月即可完全成熟。

（2）现代堆肥法　作为传统的生物处理技术，堆肥经过多年的改良，现正朝着机械化、商品化方向发展，设备效率也日益提高。现代堆肥法是根据堆肥原理，利用发酵池、发酵罐（塔）等设备，为微生物活动提供必要条件，可提高效率 10 倍以上。堆肥要求物料含水率 60%～70%，碳氮比（25～30）∶1，堆腐过程中要求通风供氧，天冷适当供温，腐熟后物料含水率为 30% 左右。为便于贮存和运输，需将水分降低至13% 左右，并粉碎、过筛、装袋。因此，堆肥发酵设备包括发酵前调整物料水分和碳氮比的预处理设备和腐熟后物料的干燥、粉碎等设备，可形成不同组合的成套设备。

（3）大棚式堆肥发酵　发酵棚可利用从玻璃钢或塑料棚顶透入的太阳能，保障低温季节的发酵。设在棚内的发酵槽为条形或环形地上槽，槽宽 4～6 m，槽壁高 0.6～1.5 m，槽壁上设置轨道，与槽同宽的走式搅拌机可沿轨道行走，速度为 2～5 m/min。条形槽长 50～60 m，每天将经过预处理（调整水分和碳氮比）的物料放入槽一端，搅拌机往复行走搅拌并将新料推进与原有的料混合，起充氧和细菌接种的作用。环形槽总长度100～150 m，上面设置轨道，带盛料斗的搅拌机环槽行走，边撒布物料边搅拌。一般每平方米槽面积可处理 4 头猪的粪便，腐熟时间为 25 天左右。腐熟物料出槽时应存留1/4～1/3，起接种和调整水分的作用。

（4）粪污异位发酵　异位发酵就是将养猪与粪污发酵处理分开，在猪舍外另建垫料发酵棚舍，猪不接触垫料，猪场粪污收集后，利用生物菌发酵处理粪污的方法。

异位发酵技术主要是利用发酵槽内铺好的好氧发酵垫料为载体培养好氧微生物。猪舍粪污通过封闭渠道进入粪污收集池，用潜污泵将粪污通过 PVC 管道泵入发酵床。

垫料最适宜用木屑和谷壳，一般按 3∶2 比例混合使用。如果木屑缺少，可适当增加谷壳或以玉米秸秆粉末代替，但木屑比例不少于 30%。在发酵床中将垫料物料充分混合均匀，慢慢喷洒菌液和猪粪尿，湿度以抓起团垫料握紧后松开手掌，垫料依然可成团但无水滴滴下为适宜。将所有垫料堆积不低于 1 m。正常情况 2～3 天开始启动升温，发酵 6 天后，垫料中央温度上升到 50 ℃以上，即可摊开形成发酵床使用。

根据发酵床垫料消耗情况，一般每隔 1～3 天（夏天 1 天、冬天 2～3 天）通过潜污泵和 PVC 管道将粪污均匀喷洒到发酵床面，不得将粪污堆积在某一区域，以防该区域造成死床。

发酵床需要每天进行翻耙，特别是粪污喷洒当日要耙匀。如使用翻耙机则每天至少翻耙 1～2 个来回，使发酵床获得足够的氧气，保证发酵效果。

每月根据发酵床垫料消耗情况，适当补充垫料和菌种，菌种补加量一般为 5 g/m^2，均匀喷洒到发酵床中。一般发酵床可维持使用 3 年左右。

异位发酵技术有效克服了原位发酵床消毒不方便、易诱发呼吸道疾病以及猪舍改造成本高等问题，在环境保护方面为养猪开辟了一条新途径。

2. 生产沼气

沼气是有机物质在厌氧环境中，在适宜的温度、湿度、酸碱度、碳氮比等条件下，通过厌氧微生物发酵作用而产生的一种可燃气体。沼气可作为能源，沼渣、沼液可作为肥料，废物资源化程度较高。沼气燃烧后能产生大量热能（1 m^3 的发热量为 20.9～27.17 MJ），可作为生活、生产用燃料，也可用于发电。在沼气生产过程中，因厌氧发酵可杀灭病原微生物和寄生虫，发酵后的沼液、沼渣又是很好的肥料。但此处理系统的建设投资高，且运行管理难度大。该处理系统较适用于南方气候温暖地区，北方地区由于气温低，大部分沼气要回用于反应器升温，限制了推广应用。其主要设备为格栅、固液分离机、污水泵、贮气罐、沼气脱水 / 脱硫设备、沼气加压系统、沼气输送管道系统等。

生产沼气后产生的残余物——沼液和沼渣含水率高、数量大，且 CO_2 含量很高（氧气含量小于 0.4%），若处理不当会引起二次环境污染，所以必须采取适当的利用措施。常用的处理方法有以下几种。

（1）用作植物生产的有机肥料　在进行园艺植物无土栽培时，沼气产生后的残余物是良好的液体培养基。

（2）用作池塘水产养殖料　沼液是池塘河蚌育珠、滤食性鱼类养殖培育饵料生物的良好肥料，但一次性施用量不能过多，否则会引起水体富营养化而导致水中生物死亡。

（3）用作饲料　沼渣、沼液脱水后可以替代一部分鱼、猪、牛的饲料。但与畜粪饲料化一样，要注意重金属等有毒有害物质在畜产品和水产品中的残留问题，避免影响畜产品和水产品的食用安全性。

3. 用作饲料

畜禽粪便中，最有价值的营养物质是含氮化合物。合理利用猪粪中的含氮化合物，对解决蛋白质饲料资源不足的问题有积极意义。目前，已有许多国家利用畜禽粪便加工饲料，猪粪也被用来喂牛、喂鱼、喂羊等，以降低饲料成本。但要对粪便进行适当处理并控制用量。

（二）污水的处理与利用

为防止猪场污水对周围环境的水体造成污染，应通过限制应用大量水冲洗畜粪、减少地表降水流入污水收集和处理系统等一系列措施，减少污水产生量。同时，通过污水多级沉淀和固液分离，减少污水中有机物含量，并对排放的污水进行必要的处理。采用不同清粪工艺的猪场污水最高允许排水量见表7-6。

表7-6　采用不同清粪工艺的猪场污水最高允许排水量

清粪工艺	水冲工艺/[$m^3 \cdot$（百头·天）$^{-1}$]		干清粪工艺/[$m^3 \cdot$（百头·天）$^{-1}$]	
	冬季	夏季	冬季	夏季
标准值	2.5	3.5	1.2	1.8

注：在废水最高允许排放量的单位，百头、千只均指存栏数；春、秋季废水最高允许排放量按冬、夏两季的平均值计算。

猪场粪尿污水处理首先做好源头控制，采用用水量少的饲养工艺，使粪与尿及污水分流，减少污水量和污水中污染物的浓度，并使固体粪便便于处理利用；其次，做好资源化处理，种养结合，生态养殖，变废为宝，实现养猪生产的良性循环，达到无废排放；最后，做到因地制宜，粪尿和污水处理工程要充分利用当地的自然条件和地理优势，采用先进的工艺和设备，避免二次污染。

污水处理的方法可分为物理处理法、化学处理法、生物处理法和自然处理法。其中以物理处理法和生物处理法应用较多，化学处理法由于需使用大量的化学药剂，费用较高，且存在二次污染问题，故应用较少。

1. 物理处理法

物理处理法是将污水中的悬浮物、油类以及固体物质分离出来，包括沉淀法、固液分离法、过滤法等，是利用格栅、化粪池或滤网等设施进行简单的物理处理方法。

（1）沉淀法　可利用污水在沉淀池中静置时，其中的不溶性较大颗粒的重力作用，将粪水中的固体物沉淀而除去。这是在重力作用下将重于水的悬浮物从水中分离出来的一种处理工艺，是废水处理中应用最广泛的方法之一。沉淀法可用于在沉淀调节池中去除无机杂粒；在一次沉淀调节池中去除有机悬浮物和其他固体物；在二次沉淀池中去除生物处理产生的生物污泥；在絮凝后去除絮凝体；在污泥浓缩池中分离污泥中的水分，使污泥得到浓缩等。

沉淀调节池是分离悬浮物的一种主要构筑物，它是利用污水中容易产生沉渣、浮渣和水解、酸化快的特点降低污水浓度，用于水及废水的预处理、生物处理的后处理以及最终处理。沉淀调节池一般分为3级，污水滞留期0.6～1天，污水 CO_2 值降低40%～60%。

（2）固液分离法　对于清粪工艺为水泡粪或水冲粪的猪场，其排出的粪尿水混合液，一般要用分离机进行固液分离，以大幅度降低污水中的悬浮物含量，便于污水的后续处理；同时要控制分离固体物的含水率，以便于处理和利用（堆制或直接干燥、施用）。常用的固液分离机具有振动筛（平型、摇动型和往复型）、回转筛和挤压式分离机。分离机具所用筛网有多种，筛孔孔径为 0.17 ~ 1.21 mm，可按需选用。挤压式分离机可连续运行，效率较高，分离固体物的含水率较低，并可通过调节加以控制。

（3）过滤法　过滤法是利用过滤介质的筛除作用使颗粒较大的悬浮物被截留在介质的表面，从而分离污水中悬浮颗粒性污染物的一种方法。

格栅是一种最简单的过滤设备，是污水处理工艺流程中必不可少的部分。它的作用主要是阻拦污水中所夹带的粗大的漂浮和悬浮固体，以免阻塞孔洞、闸门和管道，并保护水泵等机械设备。格栅是由一组平行的栅条制成的框架，斜置于废水流经的渠道上，设于污水处理场中所有的处理构筑物前，或设在泵前。栅框可为金属或玻璃钢制品。格栅按栅条间隙，可分为粗格栅和细格栅；按栅渣的清除方式，可分为人工清除格栅和机械清除格栅。

2. 化学处理法

化学处理法是利用化学反应，使污水中的污染物发生化学变化而改变其性质，包括中和法、絮凝沉淀法、氧化还原法等。化学处理法由于需要使用大量的化学药剂，费用较高，且存在二次污染问题，故应用较少。

3. 生物处理法

生物处理法是利用微生物的代谢作用分解污水中的有机物而达到净化的目的。根据微生物需氧与否，生物处理法分为有氧处理和厌氧处理两种。

（1）有氧处理　有氧处理工艺有传统的活性污泥法、生物滤池处理、生物转盘处理、生物接触氧化法、流化床处理等。根据微生物在水中是处于悬浮状态还是附着在某种填料上，好氧生物处理法又可分为活性污泥法和生物膜法。

①活性污泥法：又称生物曝气法，是水中微生物在其生命活动中产生多糖类黏液，携带菌体的黏液聚集在一起构成菌胶团，菌胶团具有很大的表面积和吸附力，可大量吸附污水中的污染物颗粒而形成悬浮在水中的生物絮凝体活性污泥，有机污染物在活性污泥中被微生物降解，污水因此而得到净化。其处理单元包括调整池、计量槽、初沉池、活性淤泥曝气处理、终沉池、淤泥浓缩池、淤泥晒干床及淤泥脱水机。

②生物膜法：又称固定膜法。当废水连续流经固体填料（碎石、塑料填料等）时，菌胶团就会在填料上生成污泥状的生物膜，生物膜中的微生物起到与活性污泥同样的净化废水的作用。生物膜法有生物滤池、生物转盘、生物接触氧化等多种处理构筑物。

（2）厌氧处理　厌氧生物处理过程又称厌氧消化，是在厌氧条件下由多种微生物共同作用，使有机物分解并生成 CH_4 和 CO_2 的过程。其主要特征是：能量需求大大降低，还可产生能量；污泥产量极低；对温度、pH 等环境因素更为敏感；处理后废水有机物浓度高于好氧处理；厌氧微生物可对好氧微生物所不能降解的一些有机物进行降解或局部降解；处理工程反应复杂。常用的厌氧工艺处理设施设备有普通消化池、厌氧滤池、上流式污泥床、厌氧流化床、厌氧膨胀床等。

4.自然生物处理法

自然生物处理法是污水在自然条件下以微生物降解为主的处理方法，其中也包含沉淀、光化学分解、过滤等净化作用。自然生物处理法主要有水体净化法和土壤净化法两类，属于前者的有氧化塘（好氧塘、兼性塘、厌氧塘）和养殖塘；属于后者的有土地处理（慢速渗滤、快速渗滤、地面漫流）和人工湿地等。这些方法一般投资省、动力消耗少，但占地面积较大、净化效率相对较低，在有条件的猪场和能满足净化要求的前提下，应尽量考虑采用此类方法。

（三）新型三段式红泥塑料污水处理沼气

该系统针对畜禽养殖及污水处理过程中产生的"粪便、污水、沼气、粪渣、污泥"，具备了完整的处理方案和技术。已完成两百多项畜禽养殖污染治理工程，遍布广东、广西、浙江、湖北等二十几个省、自治区、直辖市。该工艺组成包括前处理系统、红泥塑料厌氧发酵系统、沼液后续处理系统，各系统互相关联，形成一个完整的污水处理系统。

前处理系统是污水处理效果的保证，是采用物理方式对厌氧发酵前的鲜粪水进行分离、沉淀和预处理，为兼性、专性厌氧细菌的生长创造有利条件，达到提高厌氧生物处理效果的目的，以往畜禽养殖粪污水治理忽视了前处理，造成后续处理设施负荷大，治理效果差。本工艺特别强调畜禽粪污水前处理阶段的充分减量化。通过设置沉砂、分离、沉淀等处理设施去除粪污水中的粪渣、沉渣、浮渣，均衡调节出水水质、水量，进入厌氧发酵装置的污水初步水解、酸化和充分减量化。

红泥塑料厌氧发酵阶段是畜禽粪污水处理的核心，目的是将第一阶段的出水进行高效厌氧发酵反应，降解有机质并产生沼气。国内外对厌氧发酵装置进行了大量的研究，采用新材料在吸收了国内外先进工艺的基础上，成功研发了红泥塑料厌氧发酵装置。

①采用进口材料，抗老化、耐腐蚀、阻燃，使用寿命长。

②吸热性优，充分利用太阳能，提高发酵温度。

③采用现代加工技术，焊接牢固、安装方便、投资低。

生物好氧净化是最终实现粪污水的无害化、资源化和再生利用的关键环节。该环节采用自然生态净化方式，对厌氧出水进行降解处理，通过多道溶解氧、升流式渗滤、污泥沉降和植物吸收，使污水中残余的有机物、营养素和其他污染物质进行多级转化、降解和去除。

（四）微藻处理猪场废水

污水处理和再利用是有效净化污水的关键。微藻具有较强的适应复杂环境的能力，微藻可以在生活废水和有机废水中生长，经筛选和培育的微藻能耐受高浓度有机物和无机盐，具有很强的降解去除猪场废水中有机物的能力。微藻作为生物能源优势明显，利用微藻处理猪场废水，与传统的物理或化学处理方法相比，可以避免二次污染，即微藻在猪场废水中生长，将微藻培养和猪场废水净化处理相互结合，处理废水后的微藻可制成高蛋白易消化的动物饲料，或结合现代高新技术转化为生物柴油等高价值液体燃料，以实现微藻的生物转化和环境治理双重效果，具有较好的应用前景。

（五）处理死猪

在养猪生产中，疾病或其他原因会导致猪死亡，猪尸体中含有较多的病原微生物，也容易分解腐败，散发恶臭，污染环境。特别是发生传染病的病死猪的尸体若处理不善，其中的病原微生物会污染大气、水源和土壤，造成疾病的传播与蔓延。因此，做好死猪处理是防止疾病流行的一项重要措施，决不能图私利而出售。对死猪的处理原则是：对因烈性传染病而病死的猪必须进行焚烧火化处理；对其他伤病死的猪可用深埋法和高温分解法进行处理。

1. 焚烧法

焚烧是一种较完善的方法，能彻底消灭病菌，处理死猪迅速卫生，但不能利用产品，且成本高，故不常用。但对一些危害人、畜健康极为严重的传染病病猪的尸体，仍有必要采用此法处理。焚烧时，先在地上挖一条十字形沟（沟长约 2.6 m，宽 0.6 m，深 0.5 m），在沟的底部放木柴和干草作引火用，于十字沟交叉处铺上横木，其上放置死猪尸体，尸体四周用木柴围上，然后洒上煤油焚烧，直至尸体烧成黑炭为止；也可用专门的焚烧炉焚烧。焚烧炉由内衬耐火材料的炉体、燃油燃烧器、鼓风机和除尘除具装置等组成。除尘太阳能除臭装置可除去猪尸焚化过程中产生的灰尘和臭气，使得在处理死猪的过程中不会对环境造成污染。

2. 高温处理法

此法是将尸体放入特制的高温锅（温度达 150 ℃）内或有盖的大铁锅内熬煮，以达到彻底消毒的目的。一般用高温分解法处理死猪是在大型的高温高压蒸汽消毒机（湿化机）中进行的。高温高压的蒸汽使猪尸体中的脂肪熔化、蛋白质凝固，同时杀灭病菌和病毒。分离出的脂肪作为工业原料，其他可作为肥料。此法可保留一部分有价值的产品，但要注意熬煮的温度和时间，必须达到消毒的要求。这种方法投资大，适用于大型养猪场，或大中型养猪场集中的地区及大中城市的卫生处理厂。

3. 深埋法

深埋法是传统的处理死猪的方法，是利用土壤的自净作用使死猪尸体无害化。在小型养猪场或个体养猪户中，死猪数量少，对不是因为烈性传染病而死的猪可以采用深埋法进行处理。其优点是不需要专门的设备投资，简单易行；缺点是因其无害化过程缓慢，某些病原微生物能长期生存，从而污染土壤和地下水，并会造成二次污染，所以不是最彻底的无害化处理方法。因此，采用深埋法处理死猪时，一定要选择远离水源和居民区的地方并且要在猪场的下风向，离猪场有一定的距离，具体做法是：在远离猪场的地方挖 2 m 以上的深坑，在坑底撒上一层生石灰，然后再放入死猪，在最上层死猪的上面再撒一层生石灰或洒上消毒药剂，最后用土埋实。

4. 发酵法

将尸体抛入尸坑内，利用生物热的方法进行发酵，从而起到消毒灭菌的作用。尸坑一般为井式，深达 9 ～ 10 m，直径 2 ～ 3 m，坑口有一个木盖，坑口高出地面 30 cm 左右。将尸体投入坑内，堆到距坑口 1.5 m 处，盖封木盖，经 3 ～ 5 个月发酵处理后，尸体即可完全腐败分解。

在处理尸体时不论采用哪种方法，都必须将病猪的排泄物、各种废弃物等一并进行处理，以免造成环境污染。

（六）臭气的处理

臭气是猪场环境控制的另外一个重要问题。猪场的臭气来自猪的粪尿及污水中有机物的分解等，对人和猪带来很大的危害。目前广泛使用除臭剂处理臭气。有的除臭剂不仅能有效除臭，还能增重、预防疾病和改善猪肉品质。除臭灵可降低猪场空气中氨气含量的 33.4%。另外，沸石、膨润土、蛭石等吸附剂也有吸附除臭、降低有害气体浓度的作用，硫酸亚铁能抑制粪便的发酵分解，过磷酸钙可消除粪便中的氨气等。

※ **任务实施**

死猪的处理操作

1. 目标

通过死猪的处理操作练习，能正确、熟练地处理死猪。

2. 材料

手套、防护衣、胶鞋、锄头、铁锹、生石灰、煤油、死猪、灶、大铁锅、柴火、打火机、消毒液、喷洒器。

3. 操作步骤

（1）运送死猪　用质地坚韧的、不漏水的袋和不漏水的尸桶，装好死猪，扎紧袋口或盖好桶盖，由做好防护的专门人员用特制的运尸车运送。

（2）处理死猪（任选一项操作）　①焚烧处理死猪；②高温处理死猪；③深埋处理死猪；④发酵处理死猪。

※ **任务评价**

"死猪的处理操作"考核评价表

考核内容		考核要点	得分	备注
运送死猪（20 分）		1. 专门人员的防护情况（5 分） 2. 死猪装袋或装桶情况（5 分） 3. 用运尸车运送与消毒情况（10 分）		
处理死猪	焚烧处理死猪（20 分）	1. 焚烧坑或焚烧炉的准备情况（5 分） 2. 柴火或煤油准备（5 分） 3. 焚烧过程与安全防护（10 分）		
	高温处理死猪（20 分）	1. 预热高温锅（5 分） 2. 加热时间（5 分） 3. 脂肪及其他组织的处理（10 分）		

续表

考核内容		考核要点	得分	备注
处理死猪	深埋处理死猪（20分）	1. 挖坑情况（5分） 2. 消毒情况（5分） 3. 掩埋情况（10分）		
	发酵处理死猪（20分）	1. 挖坑情况（5分） 2. 正确使用生物热发酵（5分） 3. 木盖封盖（10分）		
总分				
评定等级		□优秀（90～100分）；□良好（80～89分）；□一般（60～79分）		

?任务反思

1. 猪场废弃物处理应从哪几方面着手？

2. 处理死猪的方法有哪几种？

3. 粪便的无害化处理与利用的内容有哪些？

※ 项目小结

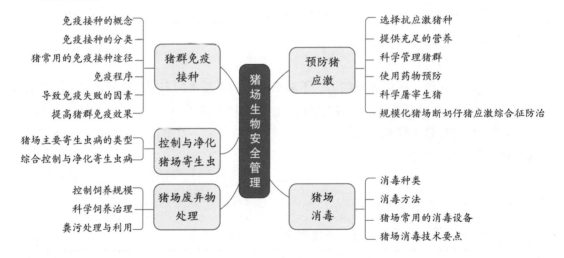

项目测试

一、单项选择题

1. 猪种优良的品种选育是（　　）。

    A. 预防猪应激综合征最好的办法之一　　　　B. 减少猪应激的重要措施之一

    C. 研制新型抗应激剂的重要思路之一　　　　D. 治疗猪应激的主要措施之一

2. 进场时人员经过淋浴并且换穿场内经紫外线消毒后的衣帽，再进入生产区属于（　　）。

    A. 定期消毒　　　　B. 紧急消毒　　　　C. 终末消毒　　　　D. 经常消毒

3. 生产中最常用的消毒方法是（　　）。

    A. 机械消毒法　　B. 物理消毒法　　C. 化学消毒法　　D. 生物消毒法

4. 妊娠母猪临产前全身擦拭的消毒药物是（　　）。

    A.2% ~ 3% 火碱　　　　　　　　B.0.1% 高锰酸钾水

    C.3% ~ 5% 甲醛　　　　　　　　D.5% 来苏儿

5. 下列可引起免疫抑制的药物是（　　）。

    A.0.1% 亚硒酸钠维生素 E 合剂　　B. 左旋咪唑

    C. 维生素 C　　　　　　　　　　D. 地塞米松

6. 冻干疫苗一般需要在（　　）℃以下冷冻保存。

    A.−15　　　　　　B.0　　　　　　　C.15　　　　　　　D.25

7. 下列药物中，属于控制与净化猪弓形体病药物的是（　　）。

    A. 左旋咪唑　　　　　　　　　　B. 强力霉素

    C. 伊维菌素　　　　　　　　　　D. 磺胺 −6− 甲氧嘧啶

二、多项选择题

1. 在饲料中添加（　　），能够提高猪的免疫力，增强抗应激能力。

    A. 调味剂　　　　B. 维生素 C　　　C. 有机酸　　　　D. 维生素 E

2. 常用化学消毒法有（　　）。

    A. 浸泡法　　　　B. 喷洒法　　　　C. 熏蒸法　　　　D. 气雾法

3. 下列可引起免疫抑制的感染因素有（　　）。

    A. 猪肺炎支原体　　　　　　　　B. 猪繁殖与呼吸综合征病毒

    C. 猪伪狂犬病病毒　　　　　　　D. 猪细小病毒

三、判断题

1. 保育猪是指断奶到 10 周龄或断奶至 60 ~ 75 日龄阶段的仔猪。　　（　　）

2. 猪场粪尿及污水的利用方法主要是用作肥料、用作制沼气的原料、用作饲料和培养料等。　　　　　　　　　　　　　　　　　　　　　　　　　（　　）

四、简答题

1. 猪场消毒技术要点有哪些？

2. 简述规模化猪场断奶仔猪应激综合征防治措施。

参 考 文 献

[1] 王燕丽，李军．猪生产技术 [M].3 版 . 北京：化学工业出版社，2021.

[2] 杨公社．猪生产学 [M]. 北京：中国农业出版社，2002.

[3] 冷长友，杨勇．猪生产 [M]. 北京：科学出版社，2015.

[4] 吴买生，武深树．生猪规模化健康养殖彩色图册 [M]. 长沙：湖南科学技术出版社，2016.

[5] 国家质量监督检验检疫总局，中国国家标准化管理委员会．规模猪场环境参数及环境管理：GB/T 17824.3—2008[S]. 北京：中国标准出版社，2008.